节水型高校建设与管理

何　仕　陈金凤　蒋柱武　等编著

中国建筑工业出版社

图书在版编目（CIP）数据

节水型高校建设与管理/何仕等编著. -- 北京：
中国建筑工业出版社，2024. 8. -- ISBN 978-7-112
-30006-8

Ⅰ. TU991.64

中国国家版本馆CIP数据核字第2024M3W897号

本书以习近平生态文明思想为指导，贯彻落实习近平新时代治水思路，从分析中国水情、节水型社会建设情况等切入，重点阐述了我国节水型高校建设与管理的相关理论、制度、技术创新和实践案例，创新性地、系统全面论述了新时代高校数字节水技术应用、海绵校园雨水管控与利用、合同节水管理模式等，同时分享了高校节水典型案例，为建设节水型高校和节水型单位提供借鉴和支持。

责任编辑：王美玲　勾淑婷　赵　莉
版式设计：锋尚设计
责任校对：赵　力

节水型高校建设与管理
何　仕　陈金凤　蒋柱武　等编著
*
中国建筑工业出版社出版、发行（北京海淀三里河路9号）
各地新华书店、建筑书店经销
北京锋尚制版有限公司制版
建工社（河北）印刷有限公司印刷
*
开本：787毫米×1092毫米　1/16　印张：15　字数：301千字
2024年6月第一版　　2024年6月第一次印刷
定价：**50.00**元
ISBN 978-7-112-30006-8
　　（42841）

序

水是生命之源、生态之基、生产之要。高等学校是城市公共用水大户，在经济社会发展和节水型社会建设中具有重要地位。特别是2023年年底，《全面建设节水型高校行动方案（2023—2028年）》的发布，标志着我国节水型高校建设工作全面启动。

水生态文明是生态文明的重要组成部分和基础保障。本书以习近平生态文明思想为指导，贯彻落实习近平新时代治水思路，从世界水危机、中国水情和节水型社会建设等切入，聚焦节水型高校建设与管理，详细阐述了校园节水技术应用、合同节水管理模式创新、数字节水技术集成创新、海绵校园雨水管控与利用等理论逻辑和实践方法，并透彻地介绍了高校节水典型案例，能够全面地为高校建设节水型校园及提高用水效率提供方案设计、技术路线和案例支持，具有很好的实践借鉴价值和意义。

何仕教授负责他所供职高校的校园建设与管理工作，以建设节水型高校为载体，扎实践行习近平生态文明思想，成效显著，积累了典型经验。何仕教授带领以给排水科学与工程专业骨干教师和节水企业技术骨干为主的编著团队，专业理论扎实、学术视野宽广、实践经验丰富，体现在本书的立意深远，谋篇布局不仅大气而且接地气，通篇结构严谨，逻辑严密，技术路线清晰，引证资料和案例丰富翔实，阐述深刻细腻，有创新见解，尤其是系统全面地阐述了高校数字节水技术应用、海绵校园雨水管控与利用、合同节水管理模式等，在前人研究的基础上有所创新，创新性地破解了新时代高校节水难题，对各行业的节水有着较深刻的启示。

侯立安[*]

2024年1月30日

* **侯立安**，环境工程专家，中国工程院院士，博士生导师，兼任国家生态环保专家委员会委员、教育部高等学校环境科学与工程类专业教学指导委员会副主任委员、全国分离膜标准化技术委员会主任委员、新污染物治理专家委员会副主任委员，享受国务院政府特殊津贴，曾获何梁何利科学技术奖、求是杰出青年奖、全国科普工作先进工作者和全国优秀科技工作者等荣誉。

前言

△△

　　全面推进美丽中国建设，加快推进人与自然和谐共生的现代化，将生态文明建设提到新高度。水生态文明是生态文明的重要组成部分和基础保障。因此，以习近平生态文明思想为指导，贯彻落实习近平新时代治水思路，开展节水行动，保护水资源环境，是破解未来经济社会发展水资源瓶颈的关键。

　　高校是教育科技人才的集中交汇点，又是城市公共用水大户。开展节水型高校建设，发挥高校节水育人、节水技术研发和节水文化传承创新的独特优势意义重大且深远。我国正处于全面启动节水型高校建设工作关键时期，在凝练总结福建理工大学荣获"全国公共机构水效领跑者"成功实践的基础上，鉴于各高校的建设基础、节水目标、管理模式等情况各异，特编著集中体现节水型高校建设与管理要点、展示集成数字节水关键技术的书籍，以期为节水型高校和节水型单位建设提供"节水方案"借鉴，抛砖引玉。

　　本书依托福建省节水教育基地、福建省优秀科普教育基地建设项目"福建理工大学节水技术科普教育基地"（KY030289）等平台编著而成，面向我国高等学校、节水建设单位以及关注节水的社会各界人士。

　　全书共7章，第1章概述了习近平生态文明思想与节水型社会建设，激发读者践行生态文明思想，贯彻新时代治水思路，提高节水意识和开展节水行动，同时了解中国水情和节水型社会建设；第2章为节水技术与管理概述，特别介绍了数字节水相关技术；第3章阐述节水型高校建设，详细介绍了高校用水分析技术、节水控漏技术和非常规水源开发技术，以及高校常用节水器具及节水原理；第4章详细介绍了高校数字节水技术应用，分享了高校数字节水建设成果；第5章介绍了海绵校园雨水管控与利用，为高校建设海绵校园开展节水实践提供了方案；第6章从高校节水管理制度、合同节水、节水推广行动和节水型高校评价等方面介绍节水型高校管理；第7章选取了节水型高校建设典型案例，为深入开展节水型高校建设提供了借鉴。希望本书能够为深入开展节水型高校建设、推进节水事业的发展起到积极的推动作用。

本书第1章由何仕教授和陈金凤博士编写，第2章由蒋柱武教授和姚枭博士编写，第3章由何仕教授和余海老师编写，第4章由福水智联技术有限公司研究院院长黄烈编写，第5章由杨雪博士编写，第6章由马立艳副教授和余晶晶博士编写，第7章由何仕教授和陈金凤博士编写。最后由何仕教授统稿。

感谢福建省水利厅、福建省科学技术协会、福建理工大学、福水智联技术有限公司等单位对本书编著给予的大力支持和热忱帮助。

感谢福建理工大学宁启超副教授、后勤管理处吴选忠处长、能源管理中心郑仁炳主任和鼓山校区管委会办公室陈立副主任等参加了资料收集工作，感谢福建省水利厅水资源处方建瑞处长、福水智联技术有限公司林文红总经理等提出的许多宝贵意见建议。本书编著过程中参考了国内外许多著作和期刊文章，在此谨向所有作者表示诚挚的感谢。

由于作者水平有限，书中难免出现遗漏、讹误和不足之处，敬请读者不吝指正。

何仕

2024年1月30日

目录

序

前言

第1章

新时代治水思路
与节水型社会建设

习近平新时代治水思路是习近平生态文明思想的重要内容之一，习近平生态文明思想是新时代我国生态文明建设的根本遵循和行动指南。水生态文明是生态文明的重要组成部分，古往今来，人类逐水而居，文明伴水而生。水，是我们赖以生存和发展的生命之源。然而，随着人口急剧增长，经济社会迅速发展，加之气候变暖等，淡水资源短缺日益严重，水生态的平衡遭到破坏，人类的生存和发展受到威胁。因此，坚持以习近平生态文明思想为指导，贯彻落实习近平新时代治水思路，树立节水意识，开展节水行动，保护水资源环境，建设节水型社会迫在眉睫。

1.1　新时代治水思路与节水内涵

旗帜指引方向，思想凝聚力量。习近平生态文明思想集中体现了我们党在生态文明建设领域的理论创新和实践创新。构建人水和谐共生关系不仅是构建人与自然和谐共生的关键，也关乎我国经济社会的健康可持续发展，关乎中华民族的未来。

1.1.1　生态文明思想与新时代治水思路

1. 习近平生态文明思想是治水节水的指导思想

党的十八大以来，以习近平同志为核心的党中央从中华民族永续发展的高度出发，深刻把握生态文明建设在新时代中国特色社会主义事业中的重要地位和战略意义，大力推动生态文明理论创新、实践创新、制度创新，创造性提出一系列新理念、新思想、新战略，形成了习近平生态文明思想。

习近平生态文明思想核心要义集中体现为"十个坚持"，即坚持党对生态文明建设的全面领导，坚持生态兴就是文明兴，坚持人与自然和谐共生，坚持绿色青山就是金山银山，坚持良好的生态环境是最普惠的民生福祉，坚持绿色发展是发展观的深刻革命，坚持统筹山水林田湖草沙系统治理，坚持用最严格制度最严密法治保护生态环境，坚持把建设美丽中国转化为全体人民自觉行动，坚持共谋全球生态文明建设之路十个方面。这"十个坚持"是以习近平同志为核心的党中央治国理政实践创新和理论创新在生态文明建设领域的集中体现，是新时代我国生态文明建设的根本遵循和行动指南，更是我们治水节水的指导思想，是我们立足实践加快推进节水型社会建设的根本遵循和行动指南。

2. 新时代治水思路是治水节水的行动指南

党的十八大以来，习近平总书记站在实现中华民族永续发展的战略高度，开创性提出"节水优先、空间均衡、系统治理、两手发力"的治水思路，形成了科学严谨、逻辑严密、系统完备的理论体系，系统回答了新时代为什么做好治水工作、做好什么样的治水工作、怎样做好治水工作等一系列重大理论和实践问题，为推进新时代治水提供了强大思想武器。习近平总书记多次就节水工作作出重要论述（表1-1），从立场、观点、方法等各方面深刻论述节水治水，是保障国家水安全的根本遵循和行动指南。

习近平总书记节水重要论述摘选　　　　　　　　表1-1

年份	重要论述
2013	要加强水源地保护和用水总量管理，推进水循环利用，建设节水型社会。 ——2013年5月24日，在十八届中央政治局第六次集体学习时的讲话
2014	要深入开展节水型城市建设，使节约用水成为每个单位、每个家庭、每个人的自觉行动。 ——2014年2月27日，在北京考察工作时的讲话 水是公共产品，政府既不能缺位，更不能手软，该管的要管，还要管严、管好。水治理是政府的主要职责，首先要做好的是通过改革创新，建立健全一系列制度。 ——2014年3月14日，在中央财经领导小组第五次会议上的讲话
2015	保障水安全，关键要转变治水思路，按照"节水优先、空间均衡、系统治理、两手发力"的方针治水，统筹做好水灾害防治、水资源节约、水生态保护修复、水环境治理。 ——2015年2月10日，在中央财经领导小组第九次会议上的讲话 山水林田湖是城市生命体的有机组成部分，不能随意侵占和破坏。 ——2015年12月20日，在中央城市工作会议上的讲话
2016	长江是中华民族的母亲河，也是中华民族发展的重要支撑。推动长江经济带发展必须从中华民族长远利益考虑，走生态优先、绿色发展之路，使绿水青山产生巨大生态效益、经济效益、社会效益，使母亲河永葆生机活力。 ——2016年1月5日，在推动长江经济带发展座谈会上的讲话
2017	在管理上，要基于水资源、水环境的承载能力，优化区域空间发展布局。坚持"以水定城、以水定地、以水定人、以水定产"的原则，量水而行、因水制宜。 保障水资源安全，要充分发挥市场和政府的作用，分清政府该干什么，哪些事情可以依靠市场机制。 ——2017年8月21日，央视网学习专稿：这五年，习近平展开美丽中国新画卷
2018	推动长江经济带绿色发展首先要解决思想认识问题，特别是不能把生态环境保护和经济发展割裂开来，更不能对立起来。 ——2018年4月26日，在深入推动长江经济带发展座谈会上的讲话
2019	饮水安全有保障主要是让农村人口喝上放心水，统筹研究解决饮水安全问题。 ——2019年4月16日，在解决"两不愁三保障"突出问题座谈会上的讲话
2020	要把实施南水北调工程同北方地区节约用水统筹起来，坚持调水、节水两手都要硬，一方面要提高向北调水能力，另一方面北方地区要从实际出发，坚持以水定城、以水定业，节约用水，不能随意扩大用水量。 ——2020年11月13日，在江苏考察时的讲话

年份	重要论述
2021	坚持节水优先，把节水作为受水区的根本出路，长期深入做好节水工作，根据水资源承载能力优化城市空间布局、产业结构、人口规模。 ——2021年5月14日，在推进南水北调后续工程高质量发展座谈会上的讲话
	要统筹发展和安全两件大事，提高风险防范和应对能力。高度重视水安全风险，大力推动全社会节约用水。 ——2021年10月22日，在深入推动黄河流域生态保护和高质量发展座谈会上的讲话
2022	要完整、准确、全面贯彻新发展理念，坚持把节约资源贯穿于经济社会发展全过程、各领域，推进资源总量管理、科学配置、全面节约、循环利用，提高能源、水、粮食、土地、矿产、原材料等资源利用效率，加快资源利用方式根本转变。 ——2022年9月6日，在中央全面深化改革委员会第二十七次会议上的讲话
	统筹水资源、水环境、水生态治理，推动重要江河湖库生态保护治理，基本消除城市黑臭水体。 ——2022年10月16日，在中国共产党第二十次全国代表大会上的报告
2023	要持续深入打好污染防治攻坚战，坚持精准治污、科学治污、依法治污，保持力度、延伸深度、拓展广度，深入推进蓝天、碧水、净土三大保卫战，持续改善生态环境质量。 ——2023年7月17日，在全国生态环境保护大会上的讲话

"节水优先"是新时代治水工作的基本立足点。作为新时代治水思路的首要一条，关键作用不言而喻。治水工作要分清主次，强调提高水资源利用效率是关键，要把节水放到优先位置，杜绝一边加大治水调水、一边随意浪费水的现象出现。提高水资源效率，需要技术、管理、规划"齐头并进"，科学共治，高效善治。其中技术是手段，建设节水型社会，需要技术的有力支撑。推广节水农业，杜绝农业用水"大水漫灌"；推进工业节水技术改造和循环用水，逐步淘汰高耗水落后产业；预防城市供水管网"跑冒滴漏"，建设海绵城市，加大雨洪资源利用力度。管理是核心，必须落实最严格水资源管理制度，严格监督问责；设定用水效率红线，严格取水审批；宣传节水观念，增强全民节水意识。规划是引领，做好水资源专项规划、水功能区划、流域综合规划、产业规划、重大水利工程规划等一系列规划，并做好相关规划的衔接与协调。立足节水优先，才能加强水资源的精准调度，倒逼经济发展方式转变，提高我国经济发展绿色水平。

"空间均衡"是新时代治水工作必须始终坚守的重大原则。要从全国一盘棋的角度统筹安排水资源配置，强化水资源统一调度。以整体效益、整体利益的最大化为导向，推进流域治理，协调上下游、左右岸、干支流共治共享。增进部门协同、区域协同、产业协同，推动跨流域互动协作，加强区域、流域、城乡互通互济、互惠互利。

"系统治理"是新时代治水工作的重要路径。坚持系统治水，就要坚持水环境、水生态、水资源、水安全、水文化"五水统筹"。水环境是目标，也是实现水资源开发利用和水生态服务功能的前提。水生态是基础，要坚持山水林田湖草沙一体化保护和系统治理。水资源是水环境、水生态的基本依托，要在各领域、各行业，以及人类社会需水与生态需水之间合理高效配置水资源。水安全是底线，关系人民生命财产安全，关系粮食安全、经济安全、社会安全、国家安全。水文化是纽带，要保护好、传承好、弘扬好水文化，延续历史文脉，坚定文化自信。

"两手发力"是新时代治水工作必须始终把握的基本要求。要坚持政府作用和市场机制两只手协同发力，水是公共产品，政府既不能缺位，更不能手软，同时要充分发挥市场在资源配置中的决定性作用，努力形成政府作用和市场作用有机统一、相互促进的格局，增强水利发展生机活力。

在习近平新时代治水思路的指引下，中国人民凝心聚力，加快形成节水型生产生活方式，聚焦农业农村、工业、城镇、非常规水源利用等重点领域，全面推进节水型社会建设。

1.1.2　节水内涵

节水，即节约用水，强调对水资源的节约、可持续利用与保护。当前水资源危机日益突出，并随着社会和技术的进步，节水的内涵也不断扩展。

1. 节水的内涵

水既具有自然属性，也具有社会属性，同时还有人文属性，因此，节水内涵也随其不同属性而存在区别。其中，节水涉及自然和社会水循环，是一个动态、持续发展的过程，具有时代特点和空间特色。不同的经济社会发展阶段、水资源供需状况、经济结构、用水结构等背景条件下，节水的重点不同，而不同流域的节水将遵循因地制宜策略，对节水的要求也不尽相同。

从水的自然属性角度谈节水，侧重于"取水"环节，旨在有效减少原水的开采，维护水资源的良性循环；从水的社会属性角度谈节水，也就是从社会水循环角度，侧重于"用水"环节，旨在通过用水量控制、用水规划等措施，提高水的利用效率和效益；而水的人文属性则立足于节水文化，旨在构建具有人文属性的节水理念体系、节水制度体系和节水行为规范体系。

因此，节水应是全社会的行为，是在社会各个层面和各个领域的具体实践活动中，以节水作为其社会行为的基本准则，节水的内涵也相应扩展为：在生活和生产过程中，在水资源开发利用的各个环节，贯穿对水资源的节约和保护，以完备的管理体系、运行机制和法制体系为保障，在政府、用水单位和公众的共同参与下，通过法律、行政、经济、技术和工程等措施，结合社会经济结构的调整，实现全社会在生产和消费上的高效合理用水，保持区域经济社会的可持续发展。

2. 节水内涵的特征

对水的减量化、高效化、循序化、资源化、生态化及规制化利用，即为节水内涵的特征。

（1）减量化利用：通过节水管控，可以减少无效低效用水，减少无效损耗，实现减量化利用。

（2）高效化利用：通过节水管控，可以提高用水效率，提升用水效益，实现高效化利用。

（3）循序化利用：通过节水管控，可以促进水资源有序开发、循环利用、梯级利用和一水多用，实现循序化利用。

（4）资源化利用：非常规水源利用也是节水工作重要内容，加大再生水、淡化海水等非常规水源利用，可以减少常规水的使用，达到资源化利用的效果。

（5）生态化利用：水资源开发利用要以生态保护为前提，节水可以减少对水资源取用与消耗，从而减少对生态用水的挤占和地下水的超采，并减少废污水排放对环境的危害。

（6）规制化利用：建章立制，强化水资源刚性约束和用水定额标准管控，加强计划用水，优化水量调配，实施用水全过程的节水管理，严格考核和责任追究，规范用水行为。

1.2　世界水危机与国外节水实践

水资源短缺及干旱问题深刻影响着各国经济和社会发展，尤其对于人口密集而水资源环境先天条件不足的国家和地区，水资源危机的影响更为严重。对水资源问题认识不够和管理不当，将使水资源危机进一步恶化，因此必须正视水资源危机。令人欣慰的是，面对水资源危机，世界各国纷纷采取行动，特别关注水资源的节约和合理使用，探索出适合各自国情的节水措施。

1.2.1　世界水危机

1. 笼罩全球的水危机

据世界气象组织（WMO）发布的《2021年气候服务状况：水》，气候变化将导致一场全球性的水危机。报告指出，2018年，全世界有23亿人生活在水资源紧张的国家，预计到2050年，将有超过50亿人面临水供应不足问题。同时，在过去的20年里，陆地储水量，包括土壤水分、雪和冰在内的陆地表面和地下所有水的总和，逐年流失，地球上的淡水资源情况正在恶化。

2023年3月21日，联合国教科文组织和联合国水机制共同发布《联合国世界水发展报告》，指出全世界有20亿至30亿人身处缺水困境，如果不加强国际合作，缺水问题在未来几十年内将愈演愈烈，城市地区尤甚。报告聚焦城市缺水问题，指出在过去的40年中，全球用水量以每年约1%的速度增长，在人口增长、社会经济发展和消费模式变化的共同推动下，预计到2050年，全球用水量仍将以类似的速度继续增长。这部分增长主要集中在中低收入国家，尤其是新兴经济体。

2. 水危机的原因

全球水资源总量约为13.8亿km³，其中97.5%是海水（13.45亿km³），淡水只占2.5%，且大部分分布在南北两极地区的固体冰川中。人类可利用的水资源主要包括河水、淡水湖泊水以及浅层地下水，淡水资源非常有限，且分布极其不均衡。大部分的淡水资源集中在少数几个国家，如俄罗斯、加拿大、巴西等，而占世界总人口40%的80多个国家却面临严重缺水问题。

水危机的出现，主要源自以下因素：

（1）气候变化，水危机加剧。气候变化影响全球大气循环，从而引起降水和蒸发变化，使河流的可用水资源量发生改变。有研究表明，气候变化导致的水危机可能比先前预期的更严重。气候变化影响下许多地区的水资源风险被低估，北美、澳大利亚和非洲地区2050年发生水危机的风险，远高于之前使用物理模型的预测结果。

（2）人口增长，水资源短缺。1950年，全球人口约为25亿，到2022年11月中旬，世界人口已达80亿。预计在未来30年，世界人口将增加近20亿，并可能在2100年达到104亿。随着全球人口数量的不断攀升和产业规模的不断扩大，地球上的淡水资源数量正在逐年下降，难以满足人类生活和生产活动对淡水资源的日常所需，水资源短缺已经严重影响人类的生存安全。

（3）环境破坏，水污染严重。伴随着全球各个国家或地区的经济活动日益扩大，全球生态环境遭受严重破坏，特别是水污染问题更加凸显。历史上，由于环保意识不强与经济基础薄弱，导致许多水污染问题，如工矿企业在生产过程中产生的废水未经处理达标即排进水体；城市建设过程中存在雨污混排情况，导致污水处理不达标排放情况；农田施用的化肥和农药残留物进入区域水循环系统，造成水体污染。近年来，水环境问题仍然严重，水中频繁检出微塑料、内分泌干扰物、药品及个人护理品等新污染物，潜在危害不容忽视。水环境污染已经成为世界性的重大问题，成为威胁人类生存的重要因素。

3. 联合国行动

水作为环境要素之一，在自然界承载着重要的角色。100多年来，随着人类对自然探索的不断深入和改造世界的能力不断提高，一方面改善了人类的生存条件，但另一面也对自然环境产生了严重影响。由于水资源引起的国家或地区冲突也日益增多，水安全已经严重影响国家和地区的安全。可以说，水资源危机已经成为世界各国面临的共同问题。

1972年，联合国在斯德哥尔摩召开了有史以来第一次"人类与环境会议"，讨论并通过了著名的《人类环境宣言》，向全世界发出警告："不久的将来，水危机将成为继石油危机之后的下一个危机"。

1987年，联合国发表了《世界水资源综合评估报告》，向全世界发出了淡水资源短缺的警报，指出"缺水问题将严重制约下个世纪的经济和社会发展，并导致国家间的冲突，甚至爆发战争。"

为了引起世界人们对水危机的关注，1993年1月18日，第47届联合国大会通过了第193号决议，自1993年起，每年的3月22日为"世界水日"。1996年，世界水理事会成立，同时决定每3年举行一次"世界水资源论坛"。该论坛是目前全球规模最大的国际水事活动，其宗旨是落实有关国际社会达成的水与可持续发展问题的决议，促进各国在水资源可持续利用方面的交流与合作。

2015年9月25日，联合国193个成员国在联合国可持续发展峰会上正式通过联合国可持续发展目标（Sustainable Development Goals, SDGs），明确将"清洁饮水和卫生设施"作为可持续发展目标，意味着人类已经意识到水资源作为人类生存的不可替代性，并号召在全球范围内采取应对措施。

历届世界水资源论坛信息表（1997年～2024年）

世界水发展报告信息表（2014年～2024年）

历届世界水资源论坛都会发布世界水发展报告，在2012年以前，报告每3年发布一次，从2014年开始，报告每年发布，旨在及时提供有关世界水资源状况的准确评估，同时引起世界关注水资源问题的某个方面。围绕着关乎人类生存的各项议题，呼吁在水资源使用和管理方面加强国际合作，这是防止未来出现全球水危机的唯一途径。

1.2.2　国外节水实践

国际社会已经在节水方面进行了数十年的探索，取得了不错的成效，也积累了宝贵的节水经验。随着城市的发展和社会的进步，节水技术、节水措施、节水管理等不断地发展和进步，以适应新的用水环境和节水要求，各国都在自身用水、节水现状的基础上进行各具特色的实践探索。节水已成为国际共识，部分国家独具特色的节水实践为世界各国提供了宝贵的借鉴经验。

1. 以色列：发明滴灌、创造奇迹

以色列是节水实践的世界典范。由于受自然因素的影响，以色列同时存在水量危机和水质危机，且时空分布特别不均衡。作为一个沙漠国家以及典型的缺水国家，以色列60%的国土面积属于干旱地区，水资源被政府称之为"21世纪的能源"，并提升到了关乎国计民生的战略层面。自以色列建国以来，该国一直处于水资源危机的警示之下。然而稀缺的水资源却支撑了以色列的现代化经济体的健康发展，创造了沙漠奇迹，而这一奇迹的背后是以色列坚持科技节水。

以色列一直致力于开发节水技术，依靠科技节水振兴农业的道路。经过不懈的努力，以色列研究开发出了世界上独一无二的滴灌系统。这种滴灌系统的独特之处在于，它将水分直接输送到农作物根部，大大减少了水分的蒸发和渗漏，使水资源的利用率超过95%。这种滴灌系统分为一体式和分体式，目前普遍使用的是一体式，即滴头和滴灌管结合为一体，安装非常方便。这种滴灌，在坡度较大的地块使用，不会造成水土流失。为使该系统更加便利，他们在地下埋入温度传感器，传感器可传回有关土壤湿度的信息，有的传感器系统能通过检测植物的茎和果实的直径变化，以决定对植物的灌溉间隔。滴灌系统的发明，兴起了一个全新的概念——水肥灌溉，即：利用滴灌系统进行施肥，直接接触植物的根部，可避免肥料浪费。以色列发明的滴灌系统，可以节水40%~50%，并使农作物增产300%，它给世界农业发展带来的影响是巨大的。难怪日本灌溉专家在《科学美国人》杂志上撰文说，犹太人的滴灌技术为世界作出了重大贡献。

2. 新加坡：潜心研发、污水"新生"

作为一个面积只有600多平方千米、素有"城市国家"的新加坡，水资源十分缺乏。为解决水资源问题，新加坡与马来西亚于1961年和1962年签署了两份长期水供协定，每天输送量达132万m³，但是这两份协议分别于2011年和2061年到期。为了减少对国外水资源供应的依赖，新加坡政府组织专家研究开发"新生水"，即污水再用。经过几年的潜心研究开发，于2003年研发成功。"新生水"的生产利用了微过滤和反渗透两项先进技术，整个过程分为三步：先用微过滤把污水中的粒状物和细菌等体积较大的杂质过滤出来，然后用高压将污水挤压透过反向渗透膜，将已溶解的盐分、药物、化学物质和病菌等较小杂质过滤出来。最后再经过紫外线消毒，就得到了可循环利用的"新生水"。经过鉴定，新加坡生产的"新生水"各项指标都优于目前使用的自来水。清洁度至少比世界卫生组织规定的国际饮用水标准高出5倍。目前这种"新生水"被广泛利用，已陆续进入寻常百姓家，成为人们直接饮用的优质纯净水。

3. 澳大利亚：强制限水、分时浇灌

澳大利亚属于水资源严重缺乏的国家。为了最大限度地节约用水，澳大利亚政府制定了一系列具体的节水措施，如"分时段浇花"就是其中的一项。澳大利亚气候干燥，水资源十分紧缺。为了节水，首都堪培拉实施了强制性限水条例。条例分为五步：第一，居民按照门牌号的奇数和偶数分单双日用喷头喷灌草坪和花园，限制浇水时段；

第二，浇草坪时段缩短，为早5时至8时，晚7时至晚10时，根据单双日进行；第三，禁止提水擦车洗窗，无回收二次利用水的商业洗车业一律关闭，使用水量减少40%；第四，禁止浇灌草坪，只可提水浇花，节水55%；第五，除洗菜、做饭等生活用水外，不得以任何方式浇灌花草树木，使节水指标提高到60%。

4. 美国：强化宣传、创新措施

美国是一个节水型国家，从改变人们的不良用水习惯和使用节水产品着手，提出诸多节水措施，涉及家庭用水的各个环节。自20世纪70年代，美国政府就大力提倡节水宣传，要求州以下各级政府切实抓好公众宣传教育工作，充分利用现代传媒手段，并利用各种会议进行节水宣传，使美国民众认识到节水对促进美国经济和社会可持续发展的重要性。2007年通过的《联邦节水法案》旨在促进节约用水，其中包括要求联邦政府机构采取节水措施，以及资助节水技术研究和开发。

一个代表性措施是"免费马桶"鼓励节流。美国纽约曾面临严重的用水短缺问题，但市政官员并没有选择耗资巨大的调水方案，而是选择了减少对现有供水需求的廉价方法。20世纪90年代初，纽约市政府推出一系列鼓励市民进行绿色消费和保护水资源的优惠政策，例如免费抽水马桶。纽约市环保局推行了一项始于1994年的抽水马桶优惠3年的计划。该计划预算资金2.95亿美元，用节水型抽水马桶替代全市1/3的低效抽水马桶。低效抽水马桶每次冲刷需水20L以上，而节水型抽水马桶只需6L。市环保局希望通过该计划的实施，实现大部分节水目标。1997年计划完成时，低流抽水马桶已取代了11万栋建筑内的133万个低效抽水马桶。据估算，全市低流洗手间每天可节水27万～34万m³。

5. 德国：立法从严、变废为宝

德国早在20世纪50年代就制定了《水资源法》，后来又增加了《废水收费法》，这部法规经过多次修正补充，细则多达35项，它的严厉之处在于，不管是家庭还是企业，都必须按照用水量的多少和水污染物含量的高低缴纳排污费。德国严格依法管水的做法对促进全民爱水、节水意识的增强，起到了积极的作用。目前，在德国，无论是集体还是个人，都能自觉地遵守水资源保护方面的法律法规，人们从点滴入手爱护水、节约水，其水文明程度走在了世界前列。

德国是欧洲开展雨水利用最早的国家之一。目前德国的雨水利用技术已经进入标准化、产业化阶段，市场上已经大量存在收集、过滤、储存、渗透雨水的产品。德国的城市雨水利用方式有三种：一是屋面雨水集蓄系统。收集下来的雨水主要用于家庭、公共场所和企业的非饮用水。法兰克福一个苹果榨汁厂，就是把屋顶集下的雨水作为工业冷却循环用水，成为工业项目雨水利用的典范。二是雨水截污和渗透系统。德国的城市道路雨水管道口均设有截污挂篮，以拦截雨水径流携带的污染物。城市地面使用可渗透的地砖，以减少径流。行道树周围以疏松的树皮、木屑、碎石、镂空金属盖板覆盖。三是生态小区雨水利用系统。小区沿着排水沟建有渗透浅沟，表面植有草皮，供雨水径流时下渗，超过渗透能力的雨水则进入雨水池或人工湿地，作为水景或继续下渗。先进一点的小区甚至建造出集太阳能、风能和雨水综合利用于一体的生态建筑等。

6. 日本：一龙管水、多龙配合

日本是一个水资源比较丰富的岛国。尽管如此，日本人仍然居安思危，千方百计地走节水之路，以构筑可持续发展的用水社会。过去，日本中央政府中与水资源管理有关的部级机构多达6个。这些机构各自为政，彼此之间缺乏沟通和协调的弊端受到来自各方面的批评。20世纪90年代末，日本进行了水资源管理方面的改革，成立了由原6个有关部级机构的9个相关处为成员的"构筑健全的水循环体系相关省厅联络会议"。该机构变过去多龙管水为一龙管水，以构建健全的水循环体系为目标，展开了各部门之间的信息沟通和意见交换，开辟了各部门之间相互合作和协调的节水管水新途径。改革后的水资源管理机构，无论在科学决策方面，还是在协调治水方面，都比以前有了显著的改观，较好地适应了国民经济和社会发展的需要。

在日本，保护水资源、节约用水的观念已经深入人心，且在日常生活和生产活动中化作"从我做起"的一种自觉行动。日本的厕所基本都是使用再生水，大多是工厂废水循环利用。日本媒体也大力倡导节水，专门制作和播放一些有关节水的节目，如洗完菜后要注意先关水龙头，然后再把菜放好，而不是先把菜放好再来关水龙头；做油炸食物后锅里沾满了油，洗起来很费水，要先用纸把油擦净后再用水洗，这样既可以节约用水，又可以减少对水源的污染。

世界各国的节水手段和举措多种多样，但最为重要和关键的是"节水"意识的培养和习惯的养成，让人们更充分、更有效地利用水资源，更科学地管理水资源，践行全社会节水理念，从而使国家和社会踏上一条"节水发展"的道路。鉴于节水是一项系统工程，因此只有加强顶层设计，创新体制机制，强化科技引领，凝聚社会共识，动员全社会深入、持久、自觉地行动，才能实现以高效的水资源利用支撑经济社会可持续发展。

1.3　中国水情与节水型社会建设

水资源是基础性战略资源，面对水资源紧缺不断加剧、水环境情况日益恶化的当今世界，各国都在积极构建一种适合本国国情水情的节水型社会体系来解决水资源问题。我国水资源时空分布极不均衡、水旱灾害多发频发，是世界上水情最复杂的国家之一。建设节水型社会既是传承中华民族勤俭节约的传统美德，也是建设生态文明、助力实现"双碳"目标的现实需要。

1.3.1　中国水情

全球水危机已经出现，我们国家也面临同样的问题。随着我国经济社会的不断发展，传统的水资源安全问题亟待解决，同时还需要面临并解决新的问题。

1. 基本情况

中国是一个水资源总量丰富，但人均缺水严重的国家。中国淡水资源总量为2.8万亿m^3，占全球水资源的6%，仅次于巴西、俄罗斯、加拿大、美国和印度尼西亚，居世界第六位，但人均只有2200m^3，仅为世界平均水平的1/4、美国的1/5，是全球人均水资源贫乏的国家之一，属于缺水严重的国家。如果扣除难以利用的洪水径流和散布在偏远地区的地下水资源，现实可利用的淡水资源量则更少，仅为1.1万亿m^3左右，人均可利用水资源量约为900m^3，并且分布极不均衡。

受气候和地形影响，中国淡水资源的地区分布极不均匀，且受降雨季节影响大，年际变化大，空间分布严重失衡，南方水资源丰富，北方极度贫乏。长江和珠江流域面积仅占国土面积的1/4，地表径流量却占全国的1/2，黄河、淮河、海河三大流域面积约占全国的1/7，而地表径流量只占全国的1/25。北方人均水资源不足1000m^3，是南方人均的1/3。

联合国审议水资源短缺标准为：人均水资源量在2000m^3以下就是缺水国家，人均不足1000m^3，即为严重缺水国，人均等于或小于500m^3，为生存极限缺水。而目前，中国有8个省（自治区、直辖市）的人均资源量低于联合国审议的维持生存的最低保障线，即人均低于500m^3，这也是国际上严重缺水的警戒线。如2022年，北京人均水资源量仅108.4m^3，天津121.3m^3，宁夏122.5m^3，上海133.4m^3，江苏226.6m^3，河南252.5m^3，河北252.9m^3，山西441.0m^3等。

然而，除了自然水资源的先天贫乏，我国社会发展使用了大量水资源，成为世界上用水量最多的国家，中国正面临着巨大的水资源紧缺挑战。2022年《中国水资源公报》显示，全国降水量和水资源量相比多年平均值偏少，部分地区大中型水库蓄水有所减少。对比1980年的用水数据（表1-2），2022年全国的用水总量增长了35.2%，其中工业用水和生活用水增长幅度巨大。

1980年和2022年全国用水量与用水结构　　　　　　　　表1-2

用水结构	1980年	2022年
总量	4436亿m^3	5998.2亿m^3
农业用水	3699亿m^3（占83.4%）	3781.3亿m^3（占63.0%）
工业用水	457亿m^3（占10.3%）	968.4亿m^3（占16.2%）

用水结构	1980年	2022年
生活用水	280亿m³（占6.3%）	905.7亿m³（占15.1%）
人工生态环境补水	—	342.8亿m³（占5.7%）

注：农业用水包括耕地和林地、园地、牧草地灌溉，鱼塘补水及牲畜用水。工业用水指工矿企业在生产过程中用于制造、加工、冷却、空调、净化、洗涤等方面的用水，按新水取用量计，不包括企业内部的重复利用水量。生活用水包括城镇生活用水和农村生活用水。城镇生活用水由城镇居民生活用水和公共用水（含第三产业及建筑业等用水）组成；农村生活用水指农村居民生活用水。人工生态环境补水仅包括人为措施供给的城镇环境用水和部分河湖、湿地补水，而不包括降水、径流自然满足的水量。

2. 面临的严峻挑战

作为全球人均水资源最贫乏的国家之一，保障国家水安全面临困境。据统计，到20世纪末，我国每年缺水500多亿立方米，全国600多座城市存在供水不足问题。随着人口增长、区域经济发展、工业化和城市化进程加快，城市用水需求不断增长，用水量的增加将进一步造成水资源供应不足、用水短缺等问题，必然成为制约经济社会发展的主要阻力和障碍。同时，气候异常等多种原因导致水资源问题加剧，如2007年，从我国西南的滇池到中部的太湖，水面上要么滋生着蓝藻，要么漂着水葫芦等；也是这一年，西北的新疆、甘肃、宁夏经历了50年不遇的大旱，而陕西、山西、山东则陷入了无雨的困境，中国气象局把这一年形容为50年来最干旱的一年。见微知著，中国正面临着水资源问题的严峻挑战。

（1）水生态失衡加剧缺水窘况

在水资源短缺和水资源粗放开发利用的叠加影响下，中国西北、华北和中部广大地区水生态失衡，引发江河断流、湖泊萎缩、湿地干涸、地面沉降、海水入侵、土壤沙化、森林草原退化、土地荒漠化等一系列生态问题。华北地区因地下水超采而形成了约5万km²的漏斗区。国际公认的流域水资源利用率警戒线为30%~40%，而中国大部分河流的水资源利用率均超过该警戒线，如淮河为60%、辽河为65%、黄河为62%、海河高达90%。黄河、淮河、海河三大流域目前都已处于不堪重负的状态。水生态失衡导致洪水调蓄能力、污染物净化能力、水生生物的生产能力等不断下降。大多数城镇因工业、生活污水排放和农业面源污染超过了当地水系统生态自我修复的临界点，不仅引发了大量水生物种的消失，而且导致蓝藻暴发，水质不断恶化，导致大量的水丧失利用价值，甚至威胁饮用水安全，进而加剧水资源短缺。

（2）水质型缺水困局待破

中国水资源整体呈现南多北少、东多西少的特点，存在水量型缺水和水质型缺水两种类型。北方地区属于水量型缺水，针对该问题，通过南水北调工程建设进而缓解北方水资源严重短缺的问题，优化了全国的水资源配置。南方地区属于典型水质型缺水，虽然南方水资源较为丰富，但南方地区经济发展迅速，对水资源的依赖程度更高，而人类活动的活跃也使河流湖泊的水环境遭到不同程度的污染，导致水质型缺水困局。目前，全国城市水域突发性污染事故增多，如水华事件、溢油事故、重金属污染、有机物污染事件等水安全危机问题，已成为我国国家安全面临的重大问题。

（3）气候变化加剧水困境

气候变化正在加剧缺水和与水有关的危害。20世纪中叶以来，受气候变化影响，我国东部主要河流径流量不同程度减少，海河和黄河径流量减幅更超过50%。冰川退缩加剧了青藏高原江河源区径流量变化的不稳定性。气象灾害频发降低了水资源的可利用性，导致我国北方水资源供需矛盾加剧，南方则出现区域性甚至流域性缺水现象。在未来气候持续变暖背景下，未来我国水资源风险将会增加。气候变暖将导致水质恶化，在气候变暖背景下，水资源量在时空分布上的变化会改变地表水环境，进而改变河流湖泊的水质。水体温度升高引起湖泊水中含氧量减少，致使湖泊或水库底部沉积物发生微生物厌氧反应，产生有毒气体和盐类，促使营养元素溶出，引起湖泊色、味上的污染，甚至增加水体表层营养盐浓度，加上适宜的温度，导致湖泊富营养化。此外，近年来日益严峻的城市热岛效应，可能引发城市极端降雨与缺水问题。城市化的飞速发展，城市内不透水地面增多，城市空调的大量使用，汽车尾气等空气污染导致了城市气温升高。而城市水体和湿地面积的减少，使城市环境对气温的调蓄作用减弱，进一步增强了热岛效应。城市热岛效应和台风可能导致极端降雨频率增高，不同季节出现洪涝和干旱局面。随着台风频率增高和城市热岛效应，缺水问题将困扰很多沿海城市，而内陆城市由于对雨水调蓄作用不足，洪涝灾害频率有可能增加，届时，水资源可能成为城市发展的瓶颈因素。

推进节水型社会建设，全面提升水资源利用效率和效益，是缓解我国水资源供需矛盾、保障水安全的必然选择。而评价体系的建立，可以提升全社会的节水意识，促进生产方式转型和产业结构升级，增强水资源的可持续发展，促进经济社会高质量发展。

1.3.2　节水型社会建设

节水型社会以提高水资源的利用效率和效益为中心，在全社会建立起节水的管理体制和运行机制，在水资源开发利用的各个环节上，实现对水资源的合理配置、节约和保护。在20世纪80年代，我国即开始了节水型社会的探索，随着经济社会的发展，节水型社会建设的政策制度不断完善、实践探索不断深入。

1. 我国节水型社会建设概述

（1）节水型社会的内涵

1982年，学者李佩成院士赴日本考察和学习地下水资源保护利用先进经验时，深受启发，首次提出建立"节水型社会"，从观念意识、工程技术及管理措施三方面给出节水型社会的定义。随后，国内学者对节水型社会进行了广泛研究，国家在政策层面和法律层面相继明确了"节水型社会"概念。2001年3月5日发布的《关于国民经济和社会发展第十个五年计划纲要的报告》提出"要把节水放在突出位置，建立合理的水资源管理体制和水价形成机制，建立节水型社会"，首次把节水型社会建设作为政府工作目标。在国民经济和社会发展的"十五"计划中提出"以提高用水效率为核心，全面推行各种节水技术和措施，发展节水型产业，建立节水型社会。"2002年修订的《中华人民共和国水法》（简称《水法》）中明确规定"国家厉行节约用水，大力推行节约用水措施，推广节约用水新技术、新工艺，发展节水型工业、农业和服务业，建立节水型社会。"至此，"节水型社会"的概念在理论上和法律上都得以确立。

节水型社会是一种综合的社会形态，是根据我国国情，总结历史和节水实践经验提出的高度概括的节水新举措和奋斗目标，包括制度建设、经济机制建设、工程技术措施等各个方面，最终实现以水资源的可持续利用，支持社会经济的可持续发展。这些既是我国社会经济发展与资源供需矛盾的反映，又是解决这一矛盾的需要。节水型社会与人类社会可持续发展理论一脉相承，不仅在于满足生产、生活、生态用水需求，而且在于实现水资源本身的可持续利用；不仅是节水水平的提高，更重要和更深刻的是在社会结构与产业结构的升级优化。同时，节水型社会具有动态性，受人类社会科学技术影响，其内涵也不断丰富。主要体现以下四个方面：

1）节水型社会建设是一项宏大、复杂的系统工程。其不仅包括工业、农业、城市生活等各项节水工程建设，同时要进行水资源利用相关的制度建设，要求全民的共同参与，最终才能形成水资源高效合理利用，经济社会又好又快发展，生态环境有效保护三者统一的社会。

2）节水型社会建设是治水模式的转变。从过度依赖工程建设扩大供给为主转向制度建设激励节水，从单一的硬件节水建设（水利设施、基础设施）转向软件节水建设（制度、法制及能力建设）和硬件协调发展。亦可以解释为从具体节水行为向节水制度、节水意识的转变。

3）节水型社会建设具有效率、效益和可持续发展的典型特征。效率是指有效降低单位产出实物的水资源消耗量，效益是指提高单位水资源消耗的产出价值，可持续发展是不以牺牲生态环境为代价的水资源利用。

4）节水型社会建设是社会形态和意识形态的塑造过程。使农业、工业、生活、生态等各个用水领域均能合理高效并节约用水，不浪费、不污染水资源，节约用水，保护水资源是人们自觉的节水意识和行为。

（2）节水型社会建设的意义

建设节水型社会，不断提高水资源和水环境的承载能力，是解决我国水资源短缺问题的根本出路，是加快建设人与自然和谐共生的中国式现代化的重要组成部分，是保障我国经济社会高质量发展的必由之路。

1）节水型社会建设是贯彻生态文明思想的必然选择

习近平生态文明思想日益深入人心，"节水优先、空间均衡、系统治理、两手发力"新时期治水思路为节水工作提供了根本遵循。在新发展阶段，更应坚持"以水定需、量水而行"，加快形成节水型生产生活方式，高质量建设节水型社会。实施京津冀协同发展、长江经济带发展、粤港澳大湾区建设、长三角一体化发展、黄河流域生态保护和高质量发展等区域重大战略，推动生态优先、绿色发展，要求实施最严格的水资源管理制度，以节约用水扩大发展空间。保障粮食安全、能源安全、生态安全的刚性用水需求，要求进一步提升节水控水措施，提高水资源安全供给能力。建设节水型社会还有利于我国社会产业的结构调整，促进经济社会发展全面绿色转型，实现生态文明高质量发展。

2）节水型社会建设是全面推进美丽中国建设的内在要求

为全面推进美丽中国建设，加快推进人与自然和谐共生的现代化，《中共中央 国务院关于全面推进美丽中国建设的意见》于2023年12月27日发布，明确要求推动各类资源节约集约利用，深入实施国家节水行动，强化用水总量和强度双控，提升重点用水行业、产品用水效率，积极推动污水资源化利用，加强非常规水源配置利用。同时要求持续深入推进污染防治攻坚，打好碧水保卫战，统筹水资源、水环境、水生态治理，深入推进长江、黄河等大江大河和重要湖泊保护治理。可见，节水型社会是全面推进美丽中国建设内在要求，其建设成效必将为美丽中国建设提供强大支撑。

3）节水型社会建设是缓解我国水危机的战略举措

节水型社会建设就是改变粗放式水资源开发利用方式，建立集约型、效益型的水资源开发利用方式，是一种资源消耗低、高效利用的社会运行状态。当前，水资源短缺、水环境恶化与水生态破坏已成为制约我国经济社会发展的瓶颈之一，突破这一瓶颈必须全面开展节水型社会建设，加强对水资源的节约、保护、回收，提高水的利用效率。因此，建设节水型社会是缓解我国水危机的战略性举措。

4）节水型社会建设是遏制生态环境恶化的有效途径

节水型社会建设的目标就是实现水资源的优化配置、节约和保护，使生态环境得到有效保护并恢复。曾经一段时间，北方地区由于地下水过度超采，致使荒漠化严重，南方地区由于城市化进程不断加快和城市人口急剧增长，对淡水资源需求增加的同时，产生更多的废水，造成河道生态环境不断恶化，水污染严重。面对这些问题，只有全面建设节水型社会，才能统筹协调解决水资源紧缺问题，有效杜绝水资源浪费，进而遏制生态环境进一步恶化。

节水型社会
建设有关
政策摘选

（3）节水型社会建设系列政策法规

为推动节水型社会建设，一系列政策法规、管理制度、标准规范等相继出台。2012年5月，由水利部提出的国家标准《节水型社会评价指标体系和评价方法》GB/T 28284—2012正式发布并于2012年8月1日实施。

2013年1月，国务院办公厅发布《实行最严格水资源管理制度考核办法》，明确各省、自治区、直辖市人民政府是实行最严格水资源管理制度的责任主体，政府主要负责人对本行政区域水资源管理和保护工作负总责。

2015年4月，国务院发布《水污染防治行动计划》（简称"水十条"），贯彻"安全、清洁、健康"方针，强化源头控制，水陆统筹、河海兼顾，对江河湖海实施分流域、分区域、分阶段科学治理，系统推进水污染防治、水生态保护和水资源管理。

2016年10月，多部门联合发布《全民节水行动计划》，在农业、工业、服务业等各领域，城镇、乡村、社区、家庭等各层面，生产、生活、消费等各环节，通过加强顶层设计，创新体制机制，凝聚社会共识，动员全社会深入、持久、自觉地行动，以高效的水资源利用支撑经济社会可持续发展。

2017年1月，《节水型社会建设"十三五"规划》发布，重点促进农业现代化，促进工业转型升级，提高城镇生活用水效率，推进非常规水源利用，构建多元用水格局。东北地区着力提高用水效率，华北地区以机构调整促节水，西北地区以水定发展，西南地区促进人水和谐，华中地区促进节水减排，东南沿海地区节水治污并重。

2017年5月，《水利部关于开展县域节水型社会达标建设工作的通知》（水资源〔2017〕184号）发布，在总结节水型社会建设试点经验的基础上，制定《节水型社会评价标准（试行）》，全面推进县域节水型社会达标建设，提升全社会节水意识，倒逼生产方式转型和产业结构升级。

2019年4月，国家发展和改革委员会、水利部联合发布《国家节水行动方案》，大力推动全社会节水，全面提升水资源利用效率，形成节水型生产生活方式，保障国家水安全，促进高质量发展。

2019年8月，中国水利学会与中国教育后勤协会联合发布团体标准《节水型高校评价标准》T/CHES 32—2019和《高校合同节水项目实施导则》T/CHES 33—2019。

2019年10月，《水利部　教育部　国家机关事务管理局关于深入推进高校节约用水工作的通知》（水节约〔2019〕234号）发布，教育引导广大学生树立节水意识，养成良好行为习惯和生活方式，加快推进用水方式由粗放向节约集约转变，提高高校用水效率。

2020年5月，国家机关事务管理局、国家发展和改革委员会、水利部联合发布《公共机构水效领跑者引领行动实施方案》，该方案是为贯彻落实《国家节水行动方案》，提高公共机构用水效率，更好发挥引领示范作用。

2021年10月，多部门联合发布《"十四五"节水型社会建设规划》，以实现水资源节约集约安全利用为目标，以农业、工业和城镇生活节水以及非常规水源利用为重点，以节水基础设施建设为抓手，以节水科技创新和市场机制改革为动力，深入实施国家节水行动，强化水资源刚性约束，提高水资源利用效率，加快形成节水型生产生活方式，全面建设节水型社会。

2023年8月，水利部对2017年印发的《节水型社会评价标准（试行）》进行了修订。按照严格刚性要求、衔接重点工作、发展节水产业、精准考核评价的原则，对节水型社会评价标准进行了深入研究和系统修订，使新标准更加科学、更加严格（图1-1）。

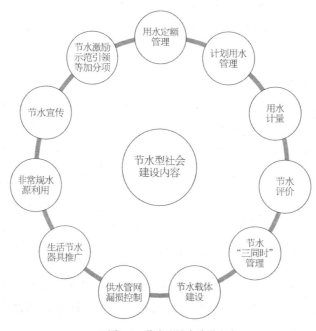

※图1-1　节水型社会建设内容

全面建设节水型高校行动方案（2023—2028年）

2023年12月，教育部、水利部和国家机关事务管理局联合印发《全面建设节水型高校行动方案（2023—2028年）》，全面推进节水型高校建设，促进和带动全社会形成节水型生产生活方式。

2024年3月，国务院常务会议审议通过《节约用水条例》，自2024年5月1日起实施。明确通过建设节水型单位、节水型企业、节水型小区，不断夯实节水型城市建设的社会基础。

《节约用水条例》

2. 节水型社会建设体系

我国节水实践历史悠久，早在三千多年前的周朝，人们便使用淘米水浇花、饮牲口等，可见节水历史底蕴之深厚。伴随着文明的发展、社会的进步，特别是我国改革开放之后，随着经济社会的发展，各种新的节水问题不断涌现，水利部、农业农村部、工业和信息化部、国家发展和改革委员会、住房和城乡建设部等国家部委围绕节水目标，不断推进节水的实践探索。近二十年来，大力推进节水型社会建设，聚焦农业农村、工业、城镇、非常规水源利用等重点领域，依据节水载体的用水特点，针对性地推进节水，实现"精准节水"，已构建起节水型社会体系框架（图1-2）。

※图1-2　节水型社会体系框架

（1）农业农村节水

农业农村节水要求坚持以水定地、推广节水灌溉、促进畜牧渔业节水、推进农村生活节水。

节水型灌区
评价指标与
赋分说明

我国作为农业大国，农业节水成效将最大限度影响水资源利用水平。早期的农业用水方式粗放，种植结构不合理，工程措施简单，制约了水资源的合理利用。因此，需要在流域内进行水资源优化配置，大力发展现代生态灌区建设，扩大农业节水范围，在信息技术应用、灌区节水技术改造、灌区管理、灌区预报等领域加大研究力度，发展节水型农业。2012年11月，国务院办公厅印发《国家农业节水纲要（2012—2020年）》，把节水灌溉作为经济社会可持续发展的一项重要战略任务。为推进农业节水，国家相继出台《节水灌溉设备　词汇》GB/T 24670—2009、《节水灌溉设备现场验收规程》GB/T 21031—2007、《塑料节水灌溉器材》系列标准GB/T 19812、《节水灌溉工程技术标准》GB/T 50363—2018、《微灌工程技术标准》GB/T 50485—2020、《节水灌溉项目后评价规范》GB/T 30949—2014等标准，助力农业节水技术提升。

为推动灌区节水，提升农业灌溉用水效率，水利部于2021年4月开展节水型灌区创建工作，并发布《节水型灌区评价指标与赋分说明》。通过完善节水制度、创新节水体制机制、提高节水技术应用水平，促进农业用水方式由粗放向节约集约转变，以水资源的可持续利用支撑经济社会的可持续发展。

（2）工业节水

工业节水要求坚持以水定产、推进工业节水减污、开展节水型工业园区建设。

工业是我国重要用水行业，工业园区内聚集大量企业，水资源消耗量大。随着中国城市化、工业化进程的加速，工业对水资源需求的持续增长，工业用水量不断增加，且工业废水排放量较大，直接威胁水质安全，因此进行工业节水，提高工业水资源利用效率，对于缓解中国水资源压力和保护水环境十分重要。2010年，工业和信息化部印发《关于进一步加强工业节水工作的意见》，要求高耗水工业依据《重点工业行业取水指导指标》倒逼淘汰落后的高用水工艺、设备和产品，大力推广节水工艺技术和设备，相继发布《国家鼓励的工业节水工艺、技术和装备目录》，出台《节水型产品通用技术条件》GB/T 18870—2011、《工业蒸汽锅炉节水降耗技术导则》GB/T 29052—2012、《循环冷却水节水技术规范》GB/T 31329—2014等技术规范。为加快节水型企业和节水型园区的建设，我国于1993年发布了《节水型企业评价导则》GB/T 7119—1993，并于2006年和2018年进行了两次修订；2018年《节水型工业园区评价标准》DB64/T 1532—2017发布实施；2021年8月下达国家标准计划《节水型工业园区评价导则》，批准后将发布实施。此外，还发布了《节水型企业》系列标准，涵盖钢铁、纺织染整、造纸、船舶、炼焦等行业。系列评价方法和标准的出台，为节水型企业和节水型园区的建设提供了标准依据。

（3）城镇节水

城镇节水要求坚持以水定城、推进节水型城市建设、开展高耗水服务业节水。

除了基于粮食安全的农业用水、基于经济发展的工业用水，居民生活用水量也是总用水量的重要组成，约占总用水量的15%。随着人民群众对美好生活的向往，用水需求将进一步增加，特别是高品质的生活饮用水。

为提高公众的节水意识，培养节水习惯，2021年水利部等10部门联合发布《公民节约用水行为规范》，从"了解水情状况，树立节水观念""掌握节水方法，养成节水习惯""弘扬节水美德，参与节水实践"3个方面对公众的节水意识、用水行为、节水义务提出了朴素具体的要求。住房和城乡建设部于2023年对《城市居民生活用水量标准》GB/T 50331—2002进行了局部修订，规定了城市居民生活一级用水量和二级用水量指标的上限值。不仅从水量上进行约束，还制定了《节水型卫生洁具》GB/T 31436—2015等产品标准，以及《民用建筑节水设计标准》GB 50555—2010等设计标准，进一步从用水设施上实现节水。除了激发居民个体和家庭的节水，还以社区、单位、公共机构、城市为节水载体，构建全方位、立体化的节水体系。

1）节水型社区

社区是城市公共服务和城市治理的基本单元，为加强社区节水，出台了《节水型社区评价导则》GB/T 26928—2011、《节水型居民小区评价标准》T/SDUWA 3002—

2023等标准，鼓励居民小区采用先进适用的管理措施和节水技术，不断提高社区节水水平。

2）节水型单位

为减少公共用水水量，针对高耗水服务业，制定了《服务业节水型单位评价导则》GB/T 26922—2011、《洗浴场所节水技术规范》GB/T 30682—2014、《洗车场所节水技术规范》GB/T 30681—2014、《宾馆节水管理规范》GB/T 39634—2020、《高尔夫球场节水技术规范》GB/T 30684—2014等标准，为服务业的可持续发展提供了节水制度约束。

3）节水型公共机构

为提高公共机构用水效率，相继出台了《公共机构节水管理规范》GB/T 37813—2019、《公共机构节能节水管理规范》DB37/T 4501—2022、《节水型公共机构评价标准》DB64/T 1533—2017、《公共机构节水规范》DB51/T 2620—2019、《公共机构节水管理与评价技术规范》DB12/T 1239—2023等标准。为更好发挥公共机构的引领示范作用，2020年5月，国家机关事务管理局、国家发展和改革委员会、水利部联合印发《公共机构水效领跑者引领行动实施方案》，正式启动公共机构水效领跑者引领行动的遴选工作。

4）节水型城市

城市是人类文明的标志，是社会的构成单元。中华人民共和国成立75年来，经历了世界历史上规模最大、速度最快的城镇化进程。城市规模不断扩大，城市经济实力持续增强，城市面貌焕然一新，同时，城市用水量也与日俱增。为促进和指导城市节水工作的开展，提高城市节水管理的总体水平，1996年国家提出要发展节水型经济，建设节水型城市，发布《节水型城市目标导则》。2002年评选出第一批节水型城市，此后每两年开展一次国家节水型城市评选，至2022年已建成11批共145个国家节水型城市，形成了一批可复制、可推广的城市节水模式。历经二十余年的实践，《节水型城市考核》经过多次修订完善，愈加适应我国节水型城市考核评估，2022年住房和城乡建设部、国家发展和改革委员会联合发布修订后的《国家节水型城市考核标准》。

（4）非常规水源利用

非常规水源利用要求加强非常规水源配置、推进污水资源化利用、加强雨水集蓄利用、扩大海水淡化水利用规模。

为推进非常规水源利用，重点做好城市污水的再生利用、雨水的集蓄利用，制定了《城市污水再生利用　分类》GB/T 18919—2002、《城市污水再生利用　绿地灌溉水质》GB/T 25499—2010、《城市污水再生利用　城市杂用水水质》GB/T 18920—2020、《城市污水再生利用　景观环境用水水质》GB/T 18921—2019、《雨水集蓄利用工程技术规范》GB/T 50596—2010、《建筑与小区雨水控制及利用工程技术规范》GB 50400—2016等标准规范，为再生水成为常规水源重要补充提供了技术和质量保证。

3. 节水型社会建设评价

为全面推进节水型社会建设，实现水资源可持续利用，构建与我国国情相适应的评价体系、对各省市节水型社会建设情况进行较为客观的评价尤为重要。因此，2002年水利部对水量型缺水城市，如西部干旱少雨的甘肃张掖、严重缺水的辽宁大连等地区进行节水型社会建设试点以来，水利部及国家相关部委、科研机构相继出台节水型社会建设指导性文件，在不断总结各地实践经验的基础上，制定并不断完善节水型社会建设评价指标体系、评价办法和标准。

节水型社会评价指标体系表

（1）节水型社会评价指标体系和评价方法

自2003年起，水利部开始推进《节水型社会评价指标体系研究》，并于2005年印发了《节水型社会建设评价指标体系（试行）》（以下简称"指标体系"）。此后，各地在编制节水型社会建设规划，进行节水型社会建设试点中期评估及试点验收时，都参照了该指标体系，并根据实际情况增加个别指标组成评价指标体系并在应用中进行了优化完善。2006年开始，水利部结合各地的实践应用情况，不断修订完善指标体系并向国家标准化管理委员会申请编制国家标准等，2012年5月11日，《节水型社会评价指标体系和评价方法》GB/T 28284—2012正式发布，并于2012年8月1日起实施。该标准规定了节水型社会评价指标体系，明确了指标内涵和计算方法，推荐了评价方法。GB/T 28284—2012标准适用于各省（自治区、直辖市）及地级行政区节水型社会建设成果的评价，亦可供县级行政区进行节水型社会建设成果评价时参考。

1）评价指标体系构建原则

节水型社会的评价是综合评价某一区域水资源现状、经济社会用水效率以及经济社会发展和生态环境状况，其评价指标体系必须遵循下列五个原则：

①科学全面：用科学发展观全面筛选实用、可行的节水型社会评价指标，以尽可能少的指标，涵盖节水型社会建设的各个方面。

②体现层次：所选指标既能反映节水型社会的总体情况，又能反映各分类节水情况。

③相对独立：每个指标均反映一个侧面情况，指标之间相关性小，确保其独立性。

④具有可比性：选择指标应易于横向比较和纵向研究分析，不但满足进行国内比较，还可以与国际上进行比较。不仅要参照国际上通用的指标，同时又要结合我国水资源利用现状和经济社会发展的具体情况，选择合适的通用性指标。

⑤定量与定性相结合：所选指标能定量的均定量，尚无法定量的予以定性描述。

2）评价指标体系的构成

基于上述构建原则，进行评价指标构建。

①评价指标

节水型社会评价指标体系中，人均GDP增长率、万元GDP用水量、农田灌溉水有效利用系数、万元工业增加值取水量、工业用水重复利用率、城镇供水管网漏损率、人均用水量和城镇人均生活用水量都是国际通用指标，在水资源条件和经济发展程度类似的国家之间具有可比性。其余指标（注明适用范围的除外），亦都是国内通用指标，在水资源条件和经济发展程度类似的地区之间具有较强可比性。

②指标分类

在生活用水指标中，鉴于目前农村生活用水主要是保障供给问题，因此GB/T 28284—2012标准暂未将农村生活节水指标作为评价指标。参考指标中的五个指标都是重要指标，其中人均用水量和城镇人均生活用水量两个指标是通用指标，但节水水平和生活水平提高对其数值变化具有不同方向的影响，无法对其进行直观评价，故作为参考指标；水资源开发利用率、地下水水质达标率和地下水超采程度是在特定类型区必须考虑的指标，亦作为参考指标。

该标准将指标分为七类：

a. 综合性指标：综合反映节水型社会建设成就和效果的指标，包括反映经济发展指标和水资源可持续利用指标。

b. 农业用水指标：反映农业用水效率和节水情况的主要指标。

c. 工业用水指标：反映工业用水效率和节水情况的主要指标。

d. 生活用水指标：反映生活用水安全保障和城镇生活节水情况的指标。

e. 水生态与环境指标：与水相关的生态及环境情况的有关指标。

f. 节水管理指标：反映节水管理综合情况的指标。

g. 参考指标：非常重要但难以直观评价的指标，或特定类型区必须考虑的指标。

③指标内涵及计算方法

GB/T 28284—2012标准共涉及26个指标，标准对各指标的内涵进行了阐述，并给出计算公式。大多数指标计算方法，如"人均GDP增长率""万元GDP用水量"等指标，采用通用计算方法，与其他标准保持一致。为适应评价实际，创造性地提出个别指标的计算方法，如"取水总量控制制度""非常规水源利用替代水资源比例""节水管理机构""水资源和节水法规制度建设""节水型社会建设规划""节水市场运行机制""节水投入机制""节水宣传与大众参与"，经征求相关专家意见后确定。考虑数据的统计口径问题，提出"工业用水重复利用率"指标中采用的工业用水总用水量和重复利用水量，应由地方节约用水办公室采用抽样调查的数值，用加权计算的方法确定，提高了标准的可操作性。

④节水型社会评价方法

GB/T 28284—2012标准根据不同地区水资源条件和经济社会发展程度，将行政区分为6个类型区，其中缺水发达地区23个，缺水欠发达地区61个，平水发达地区29个，平水欠发达地区56个，丰水发达地区35个，丰水欠发达地区140个。在此基础上，采用两层层次分析评价，每一层次评价采用加权平均法进行，其中第一层次为"类别"，第二层次为"评价指标"。根据单层次评价加权计算，然后再进行综合评价加权计算，最后得出评价结果。具体计算、评价方法可见标准《节水型社会评价指标体系和评价方法》GB/T 28284—2012附录A、C、D。

节水型社会评价标准赋分表

（2）节水型社会评价标准

在总结节水型社会建设试点经验的基础上，为全面开展县域节水型社会达标建设，水利部于2017年印发《节水型社会评价标准（试行）》（以下简称"评价标准"）。该标准作为规范县域节水型社会建设达标考核的评价依据，采用自评、技术评估、验收、备案的程序，为节水型社会建设成效评价提供了可操作性强，又能够体现各地节水实际的考核指标。2023年水利部对评价标准进行了修订，并于同年8月18日印发《节水型社会评价标准》，评价内容涵盖节水型灌区、节水型企业、公共机构节水型单位、节水型居民小区等类型的节水载体建设，在《节水型社会评价标准》的框架下，各节水载体建设评价标准也配套建立。

1）节水型灌区评价

节水型灌区评价，是以提升农业用水效率、保障国家粮食安全，促进灌区高质量发展为目标，进而实现指导各地深入推进节水型灌区创建工作。2021年4月15日，《水利部办公厅关于深入开展节水型灌区创建工作的通知》（办农水〔2021〕107号）印发，明确了节水型灌区评价内容，包括：工程设施、用水管理、灌区管理和节水宣传4类共9项指标。评价指标的明确，推进灌区进一步建立完善节水制度、创新节水体制机制、提高节水技术应用水平，促进农业用水方式由粗放向节约集约转变，以水资源的可持续利用支撑经济社会的可持续发展，具有较强的节水指导性。2022年，全国评定出182处灌区为"节水型灌区"，节水效益明显，具有较好推广意义。

节水型企业评价内容

2）节水型企业评价

工业企业用水评价，是在企业水平衡测试的基础上，构建一套科学合理的指标体系，对企业用水的合理性程度做出评价。其目的是通过用水评价正确反映企业用水、管水水平，找出企业用水先进与不合理之处，为提高企业合理用水程度，挖掘节水潜力提出指导性意见，最终达到全面提高企业经济效益和社会效益的目的。

工业企业用水评价遵循的原则包括：统一标准、行业与区域相结合、单项分析与综合分析相结合、采用科学的评价方法。评价的内容包括：供水系统、用水系统、排水系统3个方面。

为规范节水型企业的评价,《评价企业合理用水技术通则》GB/T 7119—1986于1986年发布,其后经过3次修订,现行版本《节水型企业评价导则》GB/T 7119—2018于2019年4月1日正式实施。导则规定了节水型企业的节水评价工作,评价指标体现企业在用水管理和用水效率提升方面的实际水平,通过定性和定量评价相结合,考虑不同行业、不同产品生产的用水特点,以及地区各种水资源的禀赋差异,使数据来源更加真实可信,计量和统计口径较为一致,便于评价。根据《节水型企业评价导则》,节水型企业是指采用先进适用的管理措施和节水技术,经评价用水效率达到国内同行业先进水平的企业。可见,节水型企业评价的指标体系和考核要求,树立了当前企业应该达到的节水目标,各企业将自身情况与节水型企业的考核要求相比对,不难找到自身的差距或薄弱环节,从而针对性地采取措施,提高节水水平。

3）节水型园区评价

工业园区作为经济发展的重要组成部分,在经济发展中起着重要的作用,为国民经济发展作出了重要贡献。工业园区的建设与发展必然带来巨大的用水需求与环境纳污需求。为改变传统的、线性的、不可持续的发展方式,国家大力倡导节水减污、提高水效和发展绿色园区经济,把园区节水作为高质量发展转变的重要工作。在节水型社会建设背景下,国家标准《节水型工业园区评价导则》GB/T 43477—2023于2024年4月1日正式实施,根据工业节水的特征和节水工业园区建设的关键环节,通过建立节水型工业园区评价导则,引导工业园区开展节水评价,节约水资源,提高工业用水效率,进一步推进工业园区高质量绿色发展。此外,各地各部门根据各自的园区实际制定相应的标准或管理办法,如宁夏回族自治区建立了地方标准《节水型工业园区评价标准》DB64/T 1532—2017,天津市水务局印发了《节水型园区标准（试行）》等,取得了良好成效。

4）节水型居民小区评价

2017年1月,全国节约用水办公室决定开展节水型居民小区建设工作,发布《全国节约用水办公室关于开展节水型居民小区建设工作的通知》（全节办〔2017〕1号）,并制定了评价标准。以居民小区为载体,以提高居民节水意识、倡导科学用水和节约用水的文明生活为核心,通过健全标准,对标达标,加大宣传,发挥居民委员会、物业公司的引导作用,调动居民家庭节水积极性,营造全民节水的良好氛围,使节约用水成为小区居民的自觉行动。

节水型居民小区评价标准由节水技术指标、节水管理指标、加分项指标三部分组成。其中节水技术指标由居民人均月用水量、家庭用水计量率等5项指标组成;节水管理指标由公众参与、用水管理等3项指标组成;加分项指标内容为非常规水源利用。

公共机构
节水型单位
建设标准

5）公共机构节水型单位评价

2013年，《水利部 国家机关事务管理局　全国节约用水办公室关于开展公共机构节水型单位建设工作的通知》（水资源〔2013〕389号）发布，在公共机构中开展节水型单位建设。为深入推进公共机构节水型单位创建工作，制定了《节水型单位建设标准》。该标准由节水技术标准和节水管理标准两部分组成。其中节水技术标准由水计量率、节水器具普及率等6项指标组成；节水管理标准由规章制度、计量统计等6项指标组成。

公共机构
水效领跑者
评价指标

6）公共机构水效领跑者评价

2020年5月，国家机关事务管理局、国家发展和改革委员会、水利部联合印发《公共机构水效领跑者引领行动实施方案》，并发布了水效领跑者评价指标。评价指标由一票否决指标、节水技术指标、节水管理指标、鼓励性指标四部分组成。其中，一票否决指标具有很强的约束力，对参与水效领跑者评选的单位提出了更高要求；节水技术指标由水计量率、节水器具普及率、人均用水量等6项指标组成；节水管理指标由规则制度、计量统计、节水改造与节水技术推广等5项指标组成；鼓励性指标由非常规水源利用和采用合同节水管理方式进行节水改造2项指标组成。

国家节水型
城市评选标准

7）国家节水型城市评选

节水型城市考核评价标准历经多次修订，2022年1月发布修订后的《国家节水型城市申报与评选管理办法》，随附《国家节水型城市评选标准》。该评选标准由生态宜居、安全韧性和综合类三部分组成。其中，生态宜居指标由城市可渗透地面面积比例、自备井关停率、城市公共供水管网漏损率等6项指标组成；安全韧性指标由用水总量、万元工业增加值用水量、再生水利用率等10项指标组成；综合类指标由万元地区生产总值用水量、节水资金投入占比、水资源税收缴率、污水处理费收缴率4项指标组成。相较于其他类型的评价标准，节水型城市评价指标更为综合。

系列节水评价标准的建立，为节水型社会提供了规范、可比的评价体系框架，逐步形成由点及面的节水局面，为我国扎实推进节水型社会建设提供了制度基础。随着我国节水型社会建设的不断推进，节水意识的深入人心，我国节水事业未来可期。

4. 节水型社会建设的成效与不足

经过二十多年的探索与实践，我国坚持节水优先，实行水资源消耗总量和强度双控，提高节水意识，健全节水政策，提升设施能力，促进技术创新，强化监督管理，初步形成了政府推动、市场调节、公众参与的节水运行机制，全社会水资源利用效率持续提升，节水型社会建设取得显著成绩。

（1）节水型社会建设成效

1）用水效率明显提高

全国万元国内生产总值用水量下降28.0%，万元工业增加值用水量下降39.6%，农田灌溉水有效利用系数提高到0.565，城市公共供水管网漏损率为10%左右。全国在用水总量基本不增加的情况下支撑了国民经济约6%的增长。

2）节水政策进一步完善

国务院印发《水污染防治行动计划》，国务院办公厅印发《关于推进农业水价综合改革的意见》，国家发展和改革委员会、水利部、住房和城乡建设部、工业和信息化部、农业农村部等有关部门印发《国家节水行动方案》《关于推进污水资源化利用的指导意见》《全民节水行动计划》《水效标识管理办法》《水效领跑者引领行动实施方案》《"十三五"水资源消耗总量和强度双控行动方案》《城镇节水工作指南》《城镇供水管网分区计量管理工作指南——供水管网漏损管控体系构建（试行）》《关于开展规划和建设项目节水评价工作的指导意见》《关于推行合同节水管理促进节水服务产业发展的意见》《关于加快建立健全城镇非居民用水超定额累进加价制度的指导意见》《国家鼓励的工业节水工艺、技术和装备目录》《华北地区地下水超采综合治理行动方案》等政策文件。

3）节水管理标准进一步健全

现行有效节水国家标准203项，其中用水产品水效强制性国家标准10项。发布实施国家和省级用水定额2013项，用水定额覆盖超过85%的作物播种面积、80%的工业用水量和90%的服务业用水量。遴选发布219项工业节水工艺技术装备。修订发布《国家节水型城市申报与考核办法》《国家节水型城市考核标准》。建立重点监控用水单位名录，国家、省、市三级重点监控单位达到1.45万个。

4）节水设施能力得到强化

实施434处大型灌区续建配套和节水改造，新增高效节水灌溉面积超过1亿亩。支持687个重点中型灌区实施节水配套改造，年节水能力达到98亿m³。开展高耗水行业节水改造和节水型企业建设，企业内部用水梯级利用和循环利用水平不断提高，全国规模以上工业用水重复利用率达92.5%。推进城市公共供水管网漏损治理，在全国100多个城市开展供水管网分区计量管理。推进污水资源化利用，缺水城市再生水利用率为20%左右。

5）节水示范成效明显

创建十一批共145个国家节水型城市，有力带动了全国城市节水工作。推进四批1094个县（区）节水型社会达标建设，完成2.29万个节水型企业、5.56万个节水型机关、1.73万个节水型学校、2.56万个节水型居民小区和1.33万个其他节水型单位（医院、宾馆等）建设。钢铁、石化化工、印染等行业41家工业企业列入用水企业水效领跑者，8个灌区列入灌区水效领跑者，20个坐便器型号列入用水产品水效领跑者。

（2）节水型社会建设存在的不足

尽管节水型社会建设取得显著成效，但我国水资源短缺形势依然严峻，集约节约利用水平与生态文明建设和高质量发展的需要还存在较大差距，节水型社会建设仍然任重道远。

1）城镇用水方面

华北地区地下水严重超采。黄河流域水资源利用率高达80%，远超一般流域40%生态警戒线。城镇供水管网漏损问题仍较为突出，东北地区部分城镇供水管网漏损率超过20%。部分缺水地区盲目发展高耗水服务业，挤占生产生活生态合理用水。节水器具还未普及使用，不符合标准的高耗水器具充斥市场。

2）工业用水方面

部分地区产业空间布局与水资源承载能力不匹配，如400mm降水线西侧区域高耗水产业集聚。部分行业用水重复利用水平偏低，工业废水资源化利用潜力有待进一步挖掘。

3）农业用水方面

用水量大、用水效率总体较低，华北、西北等缺水地区仍存在超定额用水等用水不精细现象。种植结构仍不合理，适水种植未全面普及，旱作农业发展滞后，甚至400mm降水线西侧区域还种植水稻等高耗水作物。全国节水灌溉面积占灌溉总面积不足50%。不少灌区渠系建筑物老化、损毁严重。

4）非常规水源利用方面

污水资源化利用设施建设滞后，还未形成按需供水、分质供水格局。雨水、矿井水、苦咸水利用能力不足，沿海缺水地区还未将海水淡化水作为主要备用水源，规模化利用程度不够。

与此同时，全民节水意识有待进一步提高，节水优先理念尚未普及。"以水定需、量水而行"未得到全面有效落实，水资源刚性约束仍不够强，标准体系不够完备，节水监督管理不够严格，节水激励政策还不健全，市场机制不够完善，节水内生动力仍然不够足。

第2章

节水技术与管理概述

随着全球人口增长、工业进程加速及气候变化，水资源的需求逐步增大。节水技术与管理不仅是确保水资源长期稳定供应的基石，更是满足社会经济发展和生态系统平衡的关键。通过推广节水技术与提升管理水平，探索开发与利用非常规水源，可以有效提高水资源利用效率，减少水资源浪费，进一步推动生态文明建设与发展。

2.1　节水技术

目前，无论是发达国家还是发展中国家，都非常关注水资源的节约与合理利用。为了满足日趋增长的用水需求，节水技术的研究、开发和应用，以及节水的可持续发展规划是必不可少的。经过长时间的发展，节水技术已经在农业、工业、城镇建设和生活中大量实施，非常规水源的开发和利用也取得显著进展，对保障全球水资源的可持续利用具有重要意义。我国在《"十四五"节水型社会建设规划》中，对各领域的节水工作提出了指导性原则。

2.1.1　农业节水技术

1. 农业节水指导原则

（1）坚持以水定地

统筹考虑流域（区域）水资源条件和粮食安全，充分考虑水资源承载能力，宜农则农、宜牧则牧、宜林则林、宜草则草，在科学确定水土开发规模基础上，调整农业种植和农产品结构，推动农业绿色转型。在400mm降水线西侧区域等地区，降低耕地开发利用强度，压减高耗水作物种植面积，扩大优质耐旱高产农牧品种种植面积，优化农作物种植结构，实施深度节水控水，因水因地制宜推行轮作等绿色适水种植，严禁开采深层地下水用于农业灌溉。合理确定主要农作物灌溉定额。黄河流域、西北内陆地区严禁无序开荒。

（2）推广节水灌溉

持续推进主干灌排设施提档升级，提高工程输配水利用效率。分区域规模化推广喷灌、微灌、低压管灌、水肥一体化等高效节水灌溉技术。加强灌溉试验和农田土壤墒情监测，推进农业节水技术、产品、设备使用示范基地建设。加快选育推广抗旱抗逆等节水品种，发展旱作农业，推行旱作节水灌溉，大力推广蓄水保墒、集雨补灌、测墒节灌、土壤深松、新型保水剂、全生物降解地膜等旱作农业节水技术。摸清机井底数，建立台账，严格地下水取水计量管理。

2. 农业节水灌溉技术

我国是农业大国，农业用水占据了总用水量的很大比例。据统计，2022年我国农业用水量占总用水量的63%。其中，农业灌溉用水是农业用水的主要部分。因此，提高农业用水效率，发展农业节水灌溉技术是我国农业可持续发展的重要任务。在现行的农业节水技术中，高效的灌溉技术得到了广泛应用与推广。我国农业灌溉节水成效显著。截至2022年底，全国高效节水灌溉面积超过4亿亩，农田灌溉水有效利用系数达到0.572，超过了"十三五"国民经济和社会发展规划纲要提出的目标。当前我国耕地灌溉率高达51%，是世界平均水平的2.68倍，中国已成为世界第一灌溉大国。因地制宜，合理对农田进行灌溉可以在实现节水目标的同时促进农业的健康发展和农业经济的稳健增长。

　　为了提高灌溉水的利用效率，节水技术应当着重减少水的流失和蒸发，从而增加灌溉水的有效利用率。这些技术还应确保能够满足作物生长的需求，以实现节水与作物生长的双重目标。同时，节水技术还应具有一定的经济性，采用这些技术可以在达到节水目的同时，减少运行成本。这样的技术将有助于提高农业生产的经济效益，实现可持续发展。另外，节水技术还应当具有较强的适应性，能够适应不同地区和不同作物的生产需求。当前有多种不同的农业节水灌溉技术，可以满足上述要求。

　　（1）喷灌技术

　　喷灌技术是目前比较成熟的一种节水灌溉技术。喷灌技术是将灌溉水通过喷灌系统或喷灌机具，形成具有一定压力的水，由喷头喷射到空中，形成水滴状态，洒灌在土壤表面，为作物生长提供必要的水分（图2-1）。喷灌技术可用于各种类型的土壤和作物，受地形条件限制小。但喷灌技术受风的影响大，同时喷灌技术的蒸发损失相对较大。

图2-1彩图

※图2-1　喷灌技术

（2）滴灌技术

滴灌技术通过将水以滴状分散到作物根区，使水分直接供给作物，减少水的浪费（图2-2）。滴灌技术具有很高的节水效率，同时可以有效防止土壤侵蚀和盐碱化。滴灌技术可以分为固定式、半固定式和移动式等不同类型，以满足不同农作物和种植区域的需求。

图2-2彩图

※图2-2　滴灌技术

（3）覆盖保湿技术

覆盖保湿技术通过覆盖作物根区，减少土壤水分蒸发，从而实现节水目的（图2-3）。覆盖材料可以采用秸秆、薄膜、砂石等，根据不同作物的需求和种植区域的实际情况，选择合适的覆盖材料。

图2-3彩图

※图2-3　覆盖保湿技术

（4）膜下滴灌技术

膜下滴灌技术是将滴灌技术与覆膜种植技术相结合的新型灌溉方式（图2-4）。同传统滴灌技术相比，该技术具有节水效果明显、成本低等优点。

图2-4彩图

※图2-4　膜下滴灌技术

（5）微灌技术

微灌技术是介于喷灌和滴灌之间的一种灌溉技术，它通过微小的管道将水均匀地分散到作物根区（图2-5）。微灌技术具有较高的节水效果，同时也可以减少土壤侵蚀和盐碱化。

图2-5彩图

※图2-5　微灌技术

在实际应用灌溉技术的过程中，应该注意观察农业水利工程所在的地区，整理详细的资料并加以分析，明确该片区农作物的种类分布情况和土壤类型，结合实际情况，做出科学合理的决策，选择恰当的节水灌溉技术。同时还应该考虑当地的经济条件情况，合理选择节水灌溉技术。通常而言，选择标准如下：对输水损失大、输水效率低的骨干渠道宜采用防渗措施；有自压条件的灌区或提水灌区宜采用管道输水，地下水灌区应采用管道输水；经济作物种植区、设施农业区、高效农业区、集中连片规模经营区，以及受土壤质地或地形限制难以实施地面灌溉的地区，宜采用喷灌、微灌技术，山丘区宜利用地面自然坡降发展自压喷灌、微灌技术；以雨水集蓄工程为水源的地区宜采用微灌技术。

2.1.2　工业节水技术

1. 工业节水指导原则

（1）坚持以水定产

强化水资源水环境承载力约束，合理规划工业发展布局和规模，优化调整产业结构。严禁水资源超载地区新建扩建高耗水项目，压减水资源短缺和超载地区高耗水产业规模，推动依法依规淘汰落后产能。列入淘汰类目录的建设项目，禁止新增取水许可。推动过剩产能有序退出和转移，严控钢铁、炼油、尿素、磷铵、电石、烧碱、黄磷等行业新增产能，严格实施等量置换或减量置换。大力发展战略性新兴产业，鼓励高产出低耗水新型产业发展，培育壮大绿色发展动能。沿黄河各省区发布禁止和限制发展的高耗水生产工艺和产品目录。黄河流域相关能源、化工基地，严格区域产业准入，新上能源、化工项目用水效率必须达到国际先进水平。

（2）推进工业节水减污

强化高耗水行业用水定额管理，重点企业开展水平衡测试、用水绩效评价及水效对标。推广应用先进适用节水技术装备，实施企业节水改造，推进企业内部用水梯级、循环利用，提高重复利用率。实施工业废水资源化利用工程，重点围绕火电、钢铁、石化化工、有色、造纸、印染、食品等行业，创建一批工业废水资源化利用示范企业。

（3）开展节水型工业园区建设

推动印染、造纸、食品等高耗水行业在工业园区集聚发展，鼓励企业间串联用水、分质用水，实现一水多用和梯级利用，推行废水资源化利用。推广示范产城融合用水新模式，有条件的工业园区与市政再生水生产运营单位合作，建立企业点对点串联用水系统。鼓励园区建设智慧水务管理平台，优化供水用水管理。实施国家高新技术产业开发区废水近零排放试点工程，创建一批工业废水近零排放示范园区。

2.　工业节水主要技术

目前，我国工业用水量大，2022年我国工业用水量占总用水量的16.2%。工业节水技术受到国家重点关注，在各界努力下，工业节水成效显著。自1997年以来，我国工业用水总量得到有效控制并趋于下降，万元工业增加值用水量急速下降，用水效率得到极大改善。与2021年相比，2022年万元国内生产总值用水量和万元工业增加值用水量分别下降1.6%和10.8%。目前，工业领域已建立水效领跑者制度，逐步形成了完善的"节水型企业—节水标杆企业—水效领跑者"模式，从地方到全国推动节水先进企业和园区创建，形成持续提升用水效率的长效机制，推动建设节水型工业体系。

为了提升工业用水的效率，必须实施旨在最大程度减少浪费的节水技术，同时促进工业用水的有效循环利用。这些技术需保障工业生产流程的顺利运行，满足特定生产技术的水质与水量需求。此外，工业节水解决方案的设计必须考虑成本效益，在实现水资源节约的同时，优化运营开支。鉴于不同行业和生产过程对水资源管理的需求差异，节水技术需展现出高度的灵活性和适应性，确保能够在不同行业和不同工艺进行定制化应用。目前，已有多项高效的工业节水技术投入使用。

（1）用水减量技术

用水减量技术在工业中的应用是为了减少工业活动对水资源的消耗，优化水资源的使用效率。工业生产中的高耗水行业，包括火电行业、造纸行业、钢铁行业与纺织行业等，都有对应的用水减量技术。火电行业主要采用汽化冷却、空冷技术，干法脱硫、干储灰、干除灰、干排渣等用水减量技术；造纸行业主要采用网毯喷淋水高压洗涤、透平机真空系统、纸机湿部化学品混合添加、纸机真空冷凝等用水减量技术；钢铁行业主要采用干熄焦、转炉干法除尘、高炉干法除尘等"三干"技术，烟道汽化冷却、高炉炉体空冷、精炼机械抽真空等用水减量技术；纺织染整行业主要采用半缸染色、全自动筒子纱染色、数码喷墨印花、高效废瓶或瓶片清洗等用水减量技术。用水减量技术在减少用水量的同时，也降低资源损耗，有助于降低工业企业的运营成本，提高其经济效益。

（2）蒸汽冷凝水回用技术

蒸汽作为一种能源，在工业的不同领域被广泛应用。蒸汽经加热设备工艺换热后产生冷凝水，冷凝水通过疏水阀后流至收集冷凝水的缓冲罐内，进行汽液分离。分离后的冷凝水通过疏水阀泵进行加压输送至冷凝水回收设备，闪蒸汽则引射至闪蒸吸收装置吸收后一并输送至冷凝水回收设备，再经冷凝水回收设备加压泵送至锅炉房回用。

目前，国内外主要采用两种蒸汽冷凝水回收装置，即开放式冷凝水回收装置和密闭式冷凝水回收装置。开放式冷凝水回收装置（图2-6）是把蒸汽冷凝水通过管道集中回收到闪蒸槽或一个敞口的地下槽中，大量的二次蒸汽排空，冷凝水降温后用泵输入软水箱，作为制纯水或锅炉补给水。这种系统的优点是设备简单、操作方便、初始投资少，

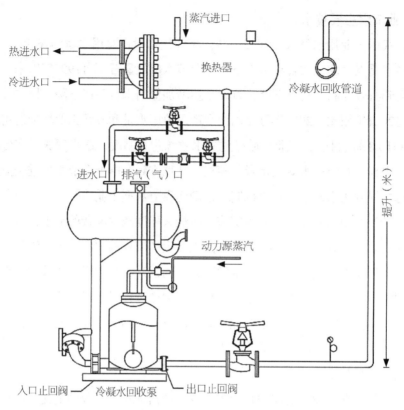

※图2-6 开放式冷凝水回收装置

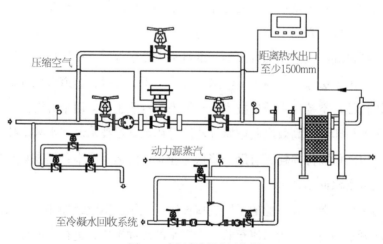

※图2-7 密闭式冷凝水回收装置

但是系统占地面积大,所得经济效益差,对环境的污染较大,且由于冷凝水直接与大气接触,冷凝水中的溶氧浓度增加,易造成管道腐蚀。密闭式冷凝水回收装置(图2-7)即通过密闭式疏水器和管道,将冷凝水收集到密闭水罐中,再通过汽水分离器,将二次蒸汽与饱和冷凝水分离,使其在密闭的水罐内保持一定的空间,与冷凝水保持相对稳定状态，随后利用水泵将冷凝水输出。密闭式冷凝水回收装置因克服了开放式冷凝水回收装置与大气接触的缺陷，避免了冷凝水输送过程中的氧腐蚀，并得到了广泛应用。

（3）循环冷却水节水技术

水具有热容量大、便于管道输送和化学稳定性好等优点，所以许多工业生产中将水作为热量的载体。冷却水在生产过程中作为热量的主要载体，无需复杂处理，经冷却降温后即可循环利用。因此，实行冷却水循环利用，提高水的循环率成为节约工业用水的重点。

根据生产工艺要求、水冷却方式和循环水的散热形式，循环冷却水系统可分为密闭式和敞开式两种（图2-8）。其中，密闭式循环冷却水系统中，循环水不与大气接触，处于密闭循环状态。循环水几乎没有消耗，故可使用纯水，以保证被冷却装置的安全可靠性。另一种是敞开式循环冷却水系统，一方面循环水带走物料、工艺介质、装置或热

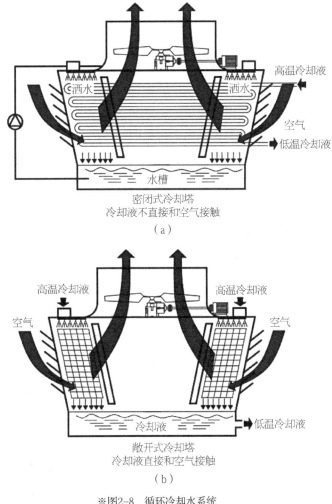

※图2-8　循环冷却水系统
(a) 密闭式；(b) 敞开式

交换设备所散发的热量，另一方面升温后的循环水通过冷却构筑物与空气直接接触得以冷却，再循环使用。敞开式循环冷却水系统是目前应用最广泛的一种循环冷却系统。敞开式循环冷却水系统与密闭式循环冷却水系统相比，投资及运行费用均较低。因此，从节水、环保和经济等方面综合考虑，应尽可能推广采用敞开式循环冷却水系统。

2.1.3　城镇建设与生活节水技术

1. 城镇建设与生活节水指导原则

（1）坚持以水定城

因水制宜、集约发展，强化水资源刚性约束，合理布局城镇空间，科学控制发展规模，优化城市功能结构、产业布局和基础设施布局。优化资源配置，在提高城市供水保证率的基础上，发挥城市节水的综合效益，提高水资源对城市发展的承载能力。水资源短缺和超载地区，要严格控制城市和人口规模，限制新建各类开发区和高耗水行业发展。坚决遏制"造湖大跃进"，黄河流域、西北缺水地区严控水面景观用水。

（2）推进节水型城市建设

持续创建国家节水型城市，完善和提升节水型城市评价标准。以建设节水型城市为抓手，系统提升城市节水工作，缺水城市应达到国家节水型城市标准要求。将城市节水相关基础设施改造工作纳入城市更新行动，统筹推进供水安全保障、海绵城市建设、黑臭水体治理等工作。缺水城市园林绿化工程应推广选用节水耐旱型植被，采用喷灌、微灌等节水灌溉方式。坚持推广使用节水型坐便器、淋浴器、水嘴等节水器具。公共机构，例如政府机关、高校等，要坚持以生态文明建设为统领，牢固树立节水意识，主动了解节水知识技术，参与节水工作，创先争优节水示范。

2. 城镇建设与生活节水技术

根据2022年水利部发布的《中国水资源公报》显示，2022年我国生活用水量为905.7亿m³，占用水总量的15.1%。同时，当前城镇化建设进程在不断加快，水务行业是城市基础设施产业中的重要组成部分，是支持经济和社会发展、保障居民生活和工业生产的基础性产业，具有公用事业和环境保护的双重属性。因此，发展城镇建设与生活节水技术，是实现我国水资源合理利用和保障国家水安全的重要措施。城镇建设与生活用水一般包括原水、供水、节水、排水、污水处理及水资源回收利用的完整产业链。目前，城镇建设与生活节水技术主要应用在以下方面。

（1）节水器具

在我国的城镇建设与生活节水技术中，节水器具是使用最广泛的一项节水技术。节水器具使用便捷，推广简单。节水器具在日常家庭节水时经常使用，如节水淋浴器、节水坐便器等。针对用水场所的不同，合理科学选用恰当的节水器具，可以减少水资源的消耗，提高水资源的利用率，达到节水目标。

（2）二次供水节水措施

二次供水技术指的是在城镇供水系统中，对生活饮用水进行压力提升和再次分配的技术。二次供水技术中节水技术可以显著提高水资源利用率，减少不必要的损失，降低运营成本。

在二次供水系统中有一项从源头节水的项目，即给水系统防超压措施。给水系统超压出流，这些超压出流水无法被有效利用，直接造成浪费，同时也会直接影响水系统中水量的分配。而通过给水系统防超压措施，例如安装减压阀，设置监控监测系统等，可避免该类水资源的浪费，对水资源进行合理保护。给水系统的防超压措施是确保供水系统正常运行和维护系统设备的重要部分，可以有效控制由于超压浪费的水资源。

同时，建筑贮水箱容积的计算与确认也十分重要。我国高层建筑生活供水系统一般采用设置水箱加供水设备的二次加压供水方式。贮水箱是供水系统重要的组成部分。在实际设计过程中，设计人员常会根据经验设置水箱，往往使得水箱容积过大，造成水资源浪费。《二次供水工程技术规程》CJJ 140—2010要求，水箱还应配套消毒设备。若水箱容积过大，则需采用大功率的消毒器或增加消毒器数量，这从源头上增加了建设成本，浪费了水资源。故水箱容积应综合建筑物的需求，通过精确计算，在保证满足设计标准的前提下确定水箱容积实现节水目的。

（3）供水系统管网的改造与优化

我国城镇供水管网漏损问题仍较为突出，据统计，我国城镇供水管网漏损在10%左右（2022年），部分城镇供水管网漏损率在20%以上，很多城市有严重的管网渗漏问题。在《住房和城乡建设部办公厅 国家发展改革委办公厅关于加强公共供水管网漏损控制的通知》（建办城〔2022〕2号）中提出近年目标，城市公共供水管网漏损率达到漏损控制及评定标准确定的一级评定标准的地区，进一步降低漏损率；未达到一级评定标准的地区，控制到一级评定标准以内。因此，城市和县城供水管网设施需要进一步完善，管网压力调控水平也需要进一步提高。

在进行管网的设计规划时，要立足于区域现状，实施供水管网改造工程。结合城市更新、老旧小区改造、二次供水设施改造和一户一表改造等，对超过使用年限、材质落后或受损失修的供水管网进行更新改造，确保建设质量。要采用先进适用、质量可靠的供水管网管材。直径100mm及以上管道，鼓励采用钢管、球墨铸铁管等优质管材；直径80mm及以下管道，鼓励采用薄壁不锈钢管。新建和改造供水管网要使用柔性接口，要严格按照有关标准和规范规划建设。供水管网要选择合适管材、阀门，避免因材料或设计问题引起的漏损。同时也需要积极推动供水管网压力调控工程，统筹布局供水管网区域集中调蓄加压设施，切实提高调控水平。

2.1.4　非常规水源开发利用技术

非常规水源是指因水质等不能直接利用但经处理后可开发利用，或不易开发利用但通过一定的技术手段可开发利用的水源。非常规水源开发利用是从开源的角度，减少人们生产生活对淡水的需求量，从而达到节约水资源的目的。

1.　非常规水源节水指导原则

（1）加强非常规水源配置

将再生水、海水及淡化海水、雨水、微咸水、矿井水等非常规水源纳入水资源统一配置，加强雨水集蓄利用，扩大海水淡化水利用规模。缺水地区严格控制具备使用非常规水源条件但未有效利用的高耗水行业项目新增取水许可。

（2）推进污水资源化利用

完善污水资源化利用政策体系，制定具体实施方案。缺水地区坚持以需定供，分质、分对象用水，推进再生水优先用于工业生产、市政杂用、生态用水。实施区域再生水循环利用工程。创新服务模式，鼓励第三方机构提供污水资源化利用整体方案。

2.　非常规水源主要开发利用技术

根据2022年水利部发布的《中国水资源公报》显示，2022年我国非常规水源供水量为175.8亿m³，占供水总量的2.9%，和2021年相比，2022年我国非常规水源供水量增加37.5亿m³。但总体而言，我国非常规水源利用方面仍旧不足，污水资源化利用设施建设滞后，还未形成按需供水、分质供水格局。雨水、矿井水、苦咸水利用能力不足。沿海缺水地区还未将海水淡化水作为主要备用水源，规模化利用程度不够。面对淡水资源紧缺的局面，我国在积极探索非常规水源的利用，以此减少对常规水资源的利用。非常规水源开发利用技术主要包括再生水处理与中水回用、雨水回用、海水淡化、微咸水利用等。

（1）污水处理与中水回用

"中水"一词起源于日本，其定义有多种解释，在污水工程方面称为"再生水"，工厂方面称为"回用水"，一般以水质作为区分的标志，其水质介于自来水（上水）与排入管道内污水（下水）之间。城市污水经处理设施深度净化处理后的水，包括污水处理厂经二级处理再进行深度处理后的水和大型建筑物、生活社区的洗浴水、洗菜水等集中经处理后的水统称中水。中水主要是指城市污水或生活污水经处理后达到一定的水质标准，可在一定范围内重复使用的非饮用水（图2-9）。

我国污水处理及中水回用整体起步较晚，20世纪80年代许多北方城市出现用水危机，污水处理和中水回用才开始逐步受到重视。随着城市发展进程的加快和人口数量的攀升，城市污水处理和居民生活用水之间的矛盾愈发突出。

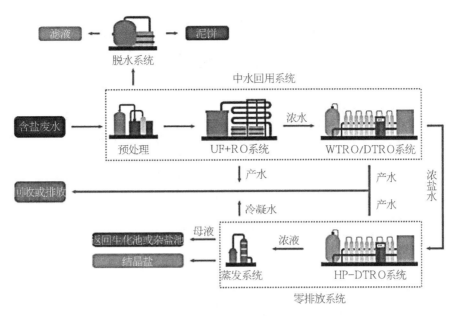

※图2-9　污水处理与中水回用流程图

（2）雨水利用

现代意义上的雨水利用在我国起步较晚，尚处于初期发展阶段。目前城市雨水利用还主要在缺水地区进行小型、局部的应用，大中城市的雨水利用基本处于探索与研究阶段。近年来提出的"海绵城市"理念得到了广泛的关注和重视，也在逐步探索实践中完善。运用生态学原理设计的绿色建筑已逐渐成为潮流，"海绵小区""海绵校园"等概念也逐渐兴起。绿色建筑雨水资源化综合利用技术集成优化了雨水收集与处理、雨水渗透等技术，具有投资少、处理效果好、管理方便等优点。

（3）海水淡化

地球表面超过70%的面积为海洋所覆盖，从这个意义上来说，人类并不缺水，而是缺少可利用的淡水。随着水资源危机的加剧和海水淡化技术的发展，向大海要淡水已经成为当今世界各国的共识。海水淡化技术在全球沿海缺水国家和地区得到了广泛应用。

全球海水淡化技术繁多，超过20余种，包括反渗透法、低多效、多级闪蒸、电渗析法、压汽蒸馏、露点蒸发法、水电联产、热膜联产以及利用核能、太阳能、风能、潮汐能海水淡化技术等，还有微滤、超滤、纳滤等多项预处理和后处理工艺。从大的分类来看，海水淡化技术主要分为蒸馏法和膜法两大类。蒸馏法海水淡化（图2-10）也称热法海水淡化，其通过加热海水，待海水沸腾汽化，再把蒸汽冷凝成淡水，主要用于实验室和小型设备及热能丰富的地区。膜法海水淡化（图2-11）是运用反渗透技术，利用压力差对海水进行脱盐处理，从而获得淡水。

我国海水淡化科技创新从20世纪60年代的"全国海水淡化大会战"开始，经过多个

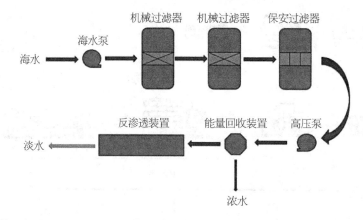

※图2-10　蒸馏法海水淡化

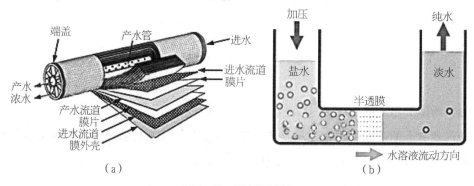

※图2-11　膜法海水淡化
(a) 反渗透膜工作原理；(b) 反渗透原理

五年计划的国家科技攻关及重点研发项目支持，取得了一系列突破性进展。目前，我国已初步形成反渗透、多效蒸馏两大技术研发和装备制造体系，自主技术建成单机3.5万m^3/d多效蒸馏、2万m^3/d反渗透示范工程。国产反渗透膜建成规模化生产线并得到一定范围推广，超、微滤膜和压力膜壳已出口国外并具备一定的竞争力。同时海水高压泵研制成功，实现万吨级工程的示范应用。我国海水淡化相关技术及材料装备已拓展应用于多个领域，在新方法、新技术、新材料方面的探索性研究日渐活跃。

（4）微咸水利用

地球上除海水外，还有不少微咸水资源，因此有效利用微咸水进行灌溉农业，解决水资源短缺也是许多国家正在使用的一种方法，特别是一些缺水地区。我国微咸水开发利用主要包括灌溉利用、淡化利用两种模式。灌溉利用模式又可分为直接灌溉、咸淡混灌和咸淡轮灌等，主要用于解决淡水灌溉水量不足的问题。淡化利用模式与海水淡化模式类似，但主要以小型化、分散化的反渗透淡化处理供水为主，主要用于城乡供水的水源补充，以解决部分地区的用水困难问题。

2.2　节水管理

目前，节水管理已经发展成为一项涉及多领域、多层面的综合性工作。节水管理旨在提高水资源利用效率，降低水资源消耗，保障国家水安全。节水管理是一种综合性的方法，在确保水资源可持续利用的同时满足人类的需求和维护生态平衡。

2.2.1　节水管理理论基础与主要手段

1. 节水管理相关理论

节水管理是指通过采取法律、行政、经济、技术、宣传等综合性措施，提高水资源利用效率，降低水资源消耗，保障国家水安全的一种活动。节水管理既包括对水资源的管理，也包括对用水行为的管理。其目的是实现水资源的可持续利用，促进经济社会的可持续发展。

（1）节水管理的经济学理论

节水管理经济学理论是一种将水资源与经济活动相结合的研究方法，旨在通过经济学的视角来理解和解决水资源配置和利用的问题。这一理论认为，水资源应当被视作一种经济资源进行管理和配置。因此，对水资源的节约和合理利用，不仅是对环境的保护，也是对经济资源的合理利用。这一理论为节水管理提供了经济价值判断的准则，从经济和环境的双重角度来考虑水资源的问题。同时也为节水政策的制定提供了经济学的理论基础。

（2）节水管理的管理学理论

节水管理涉及资源的有效分配、计划、监督和协调，属于管理学范畴。这些管理学理论为节水管理提供了指导原则，有助于组织和机构更好地规划、实施和监督节水计划，以确保水资源可持续管理和有效利用。同时该理论也包括规划节水管理的长期战略与相关的各种风险，以应对不断增长的水资源挑战。

（3）节水管理的公共政策与法学理论

节水管理的公共政策与法学理论探讨如何通过有效的法律法规和政策手段，来实现水资源的高效利用和保护。该理论涉及政府政策、法规和法律的制定，以此来推动和管理节水措施。其涵盖了水资源管理的目标、原则、方法和政策等内容，为节水管理提供了法律和政策依据。

（4）节水管理的社会学和心理学理论

社会学和心理学在节水管理中发挥着重要作用，特别是在涉及公众和社区的决策和行动中。在节水管理社会学和心理学领域中主要讨论了社会行为、文化、态度对水资源管理的影响。这些社会学和心理学理论提供了社会行为和社会因素如何影响水资源管理和节水实践的分析，有助于更好地理解社会动态和采取相应的措施来改进节水管理。

2. 节水管理的主要手段

节水管理的手段是在水资源有限的情况下，通过采取一系列有效措施来提高水资源利用效率的方法。这些手段的综合应用可以有效地实现水资源可持续管理，确保人类在有限的水资源条件下能够实现经济、社会和生态的可持续发展。节水管理的主要手段包括：

（1）法律法规

法律法规是指运用国家权力，制定相应水管理法规，依法管水。中华人民共和国成立至今，我国已颁布的与节约用水直接相关的中央行政法规与部门规章八十多部，地方性法规与规范性文件等数千件。这些法律法规为我国的节水管理提供了明确的指导和坚实的法律保障。

（2）行政手段

行政手段是指运用政府的行政权力，以命令、规定、指示、条例等形式发挥行政组织在节水管理中的作用。我国的节水政策中采用了多种方式、方法和手段，包括总量控制、许可证、税收、使用者付费、补贴、补助、转移支付等。我国的节水行政手段从早期的动员类、倡导类逐渐转向管制类、经济类，政策工具的使用越来越具体和多样化。

（3）经济手段

经济手段是指利用市场调控机制，促使用水者主动改变消费行为和用水方式，引导水资源向高效率和高效益方向流动，实现节水目的。该手段通过以成本效益等市场调节为基础的政策手段，利用市场机制实现资本配置效率，促使消费者进行成本效益核算和控制，选择有利于节水的经济手段。国家越来越重视以经济手段促进节水，水价定价模式、计收方式、价格调整机制已成为常规管理工具；再生水使用激励政策等工具的应用，扩大了非常规水源的利用规模，可以有效节约用水。

（4）技术手段

技术手段是指利用现代化先进技术，提高用水效率。目前的技术手段主要在三个方面：

1）加快关键技术装备研发。推动节水技术与工艺创新，瞄准世界先进技术，加大节水产品和技术研发，加强大数据、人工智能、区块链等新一代信息技术与节水技术、管理及产品的深度融合。重点支持用水精准计量、水资源高效循环利用、精准节水灌溉控制、管网漏损监测智能化、非常规水源利用等先进技术及适用设备研发。

2）促进节水技术转化推广。建立"产学研用"深度融合的节水技术创新体系，加快节水科技成果转化，推进节水技术、产品、设备使用示范基地和节水型社会创新试点建设。鼓励通过信息化手段推广节水产品和技术，拓展节水科技成果及先进节水技术工艺推广渠道，逐步推动节水技术成果市场化。

3）推动技术成果产业化。鼓励企业加大节水装备及产品研发、设计和生产投入，降低节水技术工艺与装备产品成本，提高节水装备与产品质量，构建节水装备及产品的多元化供给体系。发展具有竞争力的第三方节水服务企业，提供社会化、专业化、规范化节水服务，培育节水产业。

（5）宣传教育

宣传教育重点是提高全民的水资源危机意识，使公众自觉参与节约用水。政府通过目标引导、效果引导、宣传、规劝、信息等手段，将节水的观念渗透到社会各个单元、各个主体、每个社会人的价值观中，从而促使社会各界自愿做出符合节水政策目标的节水行为。

2.2.2　水行政主管部门组织机构

水行政主管部门是指以国家法规、政策和经济、技术要求等为依据，建立的拥有相应管理权力和职能的水管理机构。我国将节水管理作为水资源管理和监督部门的一项管理职能，即水资源管理部门行使节水管理的职责。

流域管理与行政区域管理相结合的管理体制是我国水资源管理的主要方式。如图2-12所示，在管理层级上国家采取的是统一管理与分级、分部门管理相结合的方式。

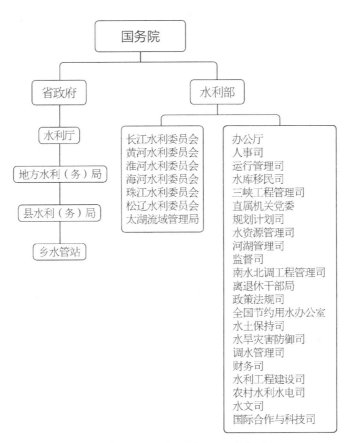

※图2-12　水行政主管部门组织架构图

我国《水法》规定，国务院水行政主管部门负责对全国范围内的水资源进行统一管理，其他职责部门则按照不同分工，负责各自相关管理工作，各司其职，互相配合。现阶段，水利部是我国水行政主管部门，而地方各级水利厅行政机构分为省（自治区、直辖市）、地（自治州、盟）、县（市、旗、区）三级。一般省级设厅（局）、地级设局（处）、县级设局（科），县以下的区（乡）级设水利管理站或专（兼）职的水利管理员，其隶属关系有的是县级水利行政机构派出的事业单位，有的是区（乡）政府的事业单位。

目前，全国已有长江、黄河、珠江、松辽、淮河、海河、太湖七大流域管理机构，作为水利部在各流域的派出机构，行使各自流域的水行政职责。地方省级所辖的河湖流域也有设立专门机构的，例如福建省的闽江流域管理委员会，河北省的大清河、子牙河河务局，辽宁省的辽河河务局，山东省的南四湖管理局等，均属于各省水利厅（局）。我国七大流域管理机构是其所在流域的水行政主管部门，代表中央政府负责水资源和河道的统一管理与保护。各级地方人民政府水行政主管部门在流域统一规划和管理下，负责本地区水资源和河道的统一管理和保护。

2.2.3　水权管理

水权，也称水资源产权，是水资源所有权和各种用水权力与义务的行为准则或规则，也是调节个人之间、地区之间、部门之间以及个人、集体和国家之间使用水资源行为的一套规范规则。水权包括水资源的所有权、使用权、处置权、收益权、经营权和排污权等。

1. 所有权

水资源所有权是水资源最根本、最全面、最直接的权利，是对水资源占有、使用、收益和处置的权利。水资源所有权是其他权利的起点和基础，我国水资源所有权归国家。水资源作为一种稀缺资源，在本质上是一种公共资源，世界各国水资源一般归国家所有。

2. 使用权

水资源使用权是仅次于水资源所有权的一项权利。水资源使用权是在法律、合同规定范围内对水资源的使用、处置和收益的权利。水资源使用权是受让人通过权利转让和特许方式从水资源所有者中获取的，水资源使用权是受限制的权利，其范围的大小根据法律、合同的规定发生变化。

3. 处置权

水资源处置权按不同主体可分为国家处置权、用水户处置权和经营者处置权。从国家的角度来说，水资源的处置权是指在一级市场对水资源的初始分配、二级市场对水资源的拍卖和其他一些公益性质的利用；从用水户的角度来说，水资源的处置权分为对水资源事实上的处置和法律上的处置；从水资源经营者的角度来说，水资源的处置是指对水资源加工、运输、排污和治污等。

4. 收益权

水资源收益权与处置权相对应，有国家对水资源处置而获得的收益、用水户对水资源处置而获得的收益，以及经营者对水资源处置而获得的收益。

5. 经营权

水资源必须采用一定的工程措施经适当的加工和处理，才能够在某一地点为满足某种用途而被利用。经营权是国家作为水资源所有者赋予水务机构的一种特许权利。《中华人民共和国水法》第五十五条规定，使用水工程供应的水，应当按照国家规定向供水单位缴纳水费。供水价格应当按照补偿成本、合理收益、优质优价、公平负担的原则确定。第二十五条规定，农村集体经济组织或者其成员，依法在本集体经济组织所有的集体土地或者承包土地上投资兴建水工程设施的，按照谁投资谁受益的原则，对水工程设施及其蓄水进行管理和合理使用。从这 2 条规定可看出，就供水而言，水经营机构享有收回成本并获取一定利润的权利。

6. 排污权

排污是用水的必然结果，用水户购买了排污权就拥有了环境水权，排污权与环境水权是一致的。1968 年，经济学家戴尔斯（Dales）在《污染、财富和价格》一书中正式提出了"污染权"这一概念。戴尔斯指出，为了实现对污染物排放的科学控制，政府可以作为社会的代表和环境的所有者，出售一定的污染权，用水户可以从政府那里购买这种权利，也可从某种利益出发，在持有污染权的用水户之间彼此交换。这样，通过购买和转卖"排污权"，既可最大限度地实现对环境污染的总量控制，又可最大限度地实现对"排污权"的优化配置，提高全体排污者的总体经济效益。目前，我国用水户有两种获得排污权的渠道，一种针对向城市集中排污处排污的用水户，需缴纳排污处理费；另一种针对将污染物直接排到水体的用水户，或虽向集中排污处排污但超标排放的用水户，需缴纳超标排污费。

现阶段，我国的水市场只是一种政府行政调控与市场调控相结合的"准市场"。在这种"准市场"的框架下，大致可分三步实现水权转换。首先，根据相关水法规的规定、流域规划和水中长期供求规划，以流域为单元制定水量分配方案；其次，通过发放取水许可证的形式进行初始水权的分配，即在区域内对水资源使用权进行进一步的排他性界定，其权利主体细化为企业法人、事业单位、自然人等；再次，对于竞争性经济用水，允许许可证持有人在不损害第三方合法权益和危害水环境状况的基础上，通过市场机制，进行水权转化，依法转让取水权。可见，取水许可制度既是我国进行初始水权分配的重要手段，也是开展水权交易的前提基础。

2.2.4　水价管理

1. 水价管理的作用

水价是指水利工程供水的价格。商品离不开市场，市场离不开价格。这是商品经济乃至市场经济社会的普遍特征。合理的水价对促进节约用水、保障人民群众生活品质具有重要作用。水价在用水管理中的作用，就是应用市场经济的价格杠杆作用。通过价格手段调节水资源的供求关系，促使用户主动改变消费行为和用水方式，引导用户合理用水和节约用水。制度经济学认为，当价格反映资源的完全成本时，能够给人们提供正确的生产和消费信号，自动地调节供需平衡，实现社会福利最大化。价格过低，就会产生过量消费、浪费严重的现象；价格过高，又会产生消费过少和一部分人没有能力消费的情况，影响正常生活。构建合理的水价体制是经济手段节约用水的核心。

2. 制定和调整水价原则

1949年中华人民共和国成立以来，在各级政府和有关部门的大力支持下，水利部门在水价制度的建立、健全和改革方面取得了明显成效，先后经历了从公益性无偿供水到政策性低价供水，从低价供水到按供水成本核算计收水费，从按成本收取水费到明确可以有合理利润等重要阶段。我国的水价经历从计划经济到市场经济，从无偿使用到逐步合理规范收费的变迁过程。水价的制定和调整应该遵循以下原则：

（1）激励约束并重

按照"准许成本加合理收益"的方法核定水利工程供水价格，强化成本约束的同时，合理确定投资回报，促进水利工程良性运行。

（2）用户公平负担

区分供水经营者类别和性质，科学归集和分摊不同功能类型和供水类别的成本，统筹考虑用户承受能力，兼顾其他公共政策目标，确定供水价格。

（3）发挥市场作用

与水利投融资体制机制改革相适应，充分发挥价格杠杆作用，鼓励和引导社会资本参与水利工程建设和运营，为扩大市场化融资规模创造条件。

3. 水价基本情况

我国城镇居民生活水价制度主要实行阶梯水价，通过设置不同阶梯水量，对应不同水价，既保障居民基本用水，又抑制不合理的用水需求，促进不同收入群体结构性节水。据统计，全国36个重点城市（包括27个省会城市、4个直辖市以及5个计划单列市）已实施居民生活用水阶梯水价制度，其中大部分实行三级阶梯水价。三级阶梯式水价在制定过程中运用了边际成本法，按照1∶1.5∶3分为三级级差，不同的水量对应不同的水资源价格。根据2022年全国主要城市水价情况可以发现，自来水单价方面，居民第一阶梯基本水价集中分布在1.5~3元/m³，非居民基本水价集中分布在2~4元/m³，特种行业的自来水单价各地差别较大。通过相关文献的实证研究，阶梯水价制度促进节水效果明显。

2021年，国家发展和改革委员会、住房和城乡建设部颁布施行《城镇供水价格管理办法》和《城镇供水定价成本监审办法》，以"准许成本+合理收益"为核心思路，进一步完善城镇供水价格形成机制，其中明确居民生活用水按照"保本微利"原则，统筹考虑地区供水事业发展需要、促进节约用水、社会承受能力等因素制定，推动现行阶梯水价调整。

4. 水价构成

城镇居民生活水价与各类调蓄工程、跨流域（区域）调水工程等供水水价密切相关，在核算、定价、调整等方面相互影响、相互制约。水价应体现价格的本质特征，应当包括商品水的全部机会成本。从理论上讲，水价由3部分组成：资源水价、工程水价和环境水价。

城镇居民生活阶梯水价主要由自来水单价、污水处理费、水资源费（税）、附加费/基金等构成。第一，自来水单价主要考虑自来水厂的供水成本、运行管理费、利润和税金等；第二，污水处理费是城市污水集中处理设施按照规定，向排污者提供污水处理的有偿服务而收取的费用，以保证污水集中处理设施的正常运行；第三，水资源费（税）是对授予申请取水户水资源的使用权，依据水资源有偿使用的相关法规规定向取水户收取的费（税），它充分体现了水资源的价值和稀缺性，是调节水资源供给与需求的经济措施，目前全国除河北、北京、天津、山西、内蒙古、山东、河南、四川、陕西、宁夏10个试点省（自治区、直辖市）征收水资源税外，其余各地均征收水资源费；第四，附加费/基金主要包括生活垃圾处理费、水厂建设费、地方专项费等，根据各地项目构成不同，收费也不同，主要用于地方重点水利建设投资、城市公共事务等。

2.3 数字节水

我国的节水工作从大力推行工程技术节水的"工程节水"到工程技术与制度建设相结合的"管理节水"，标志着我国节水工作内容和方法的拓展。当前，随着数字赋能节水的提出，我国节水工作迈入"数字节水"阶段。在这一阶段，除了进一步完善节水工程技术和制度体系外，积极融合现代信息技术，将数字孪生和智慧水务结合，进而打造出数字节水新模式，实现科学精准节水。

2.3.1 数字节水概述

2014年开始，我国陆续出台的节水政策中均涉及有关数字节水的内容。2022年，水利部印发的《关于大力推进智慧水利建设的指导意见》指出，推进智慧水利建设是推动新阶段水利高质量发展的六条实施路径之一，需要按照"需求牵引、应用至上、数字赋能、提升能力"要求，以数字化、网络化、智能化为主线，以数字化场景、智慧化模拟、精准化决策为路径，以构建数字孪生流域为核心，全面推进算据、算法、算力建设，加快构建具有预报、预警、预演、预案功能的智慧水利体系。这些政策和措施对于推动数字节水技术的研发和推广、提高我国水资源利用效率、保障国家水安全起到了重要作用。

数字节水是通过用水信息流和业务流的融合整合来提升水流的系统功效。将节水工作和数字孪生、智慧水务融合，重点对水的社会循环全过程中的实体水流和虚拟水流进行数字化，为评价节水工程效果、节水政策效用、节水行为效应、节水管理效能提供基础依据，最终服务节水工作，推动实现用水效率和用水效益的提高。智慧水务是指通过利用现代信息技术，水务系统进行智能化管理和运维，以提高水资源的利用效率、确保供水安全、降低运营成本并增强服务质量。数字孪生是一个数字的虚拟模型，对真实世界资产、过程或系统的详细、动态和实时的数字化表示。而数字节水通过将数字孪生和智慧水务结合，有效提升水务系统的运行效率、确保供水安全、提高整体的水利用效率，为生态文明建设提供助力。

在数字节水的总体架构中，数据是基础、模型是核心、控制是关键、融合是保障，具体包括透彻感知、智慧决策、用水控制和智能融合四个部分，即基于一体化监测体系，实现用耗水与水足迹全过程的信息采集，从而实现水的社会循环的透彻感知。数字节水以水循环模拟模型结合大数据分析模型为工具，实现节水科学决策；以自动控制设备和算法为基础，实现取用排水过程的自动控制；以物联网为载体，将监测数据、决策模型和过程控制有机融合，促进水资源利用效率和效用的系统提升。数字节水就是通过透明节水、科学节水、精准节水、智能节水，让节水变得可知、可评、可判、可控。

2.3.2 数字节水的相关技术

1. 3S技术

3S技术即为全球定位系统（Global Position System，GPS）、地理信息系统（Geographic Information System，GIS）和遥感（Remote Sensing，RS），三大技术作为数字节水的支撑技术。

（1）GPS技术

GPS可以为地球表面绝大部分地区提供准确的定位、测速和高精度的标准时间。在数字节水方面，GPS定位系统主要用于位置的精确定位或对用水机械的精确导航。

（2）GIS技术

GIS是一个设计用来捕获、存储、处理、分析、管理和展示所有类型的地理数据的计算机系统。将GPS收集到的信息按统一的地理坐标转化为数字信息，输入GIS地理信息系统，便可把水系统中各类信息与反映空间位置图形信息集成为一体，根据用户需求进行分析和处理，把各种信息及空间信息结合起来经可视化方式提供给所需者。

（3）RS技术

RS技术是一种利用传感器在一定距离外收集关于物体、区域或现象的信息的技术。通过RS技术，可以快速获取大面积空间动态信息，实现水资源监测。

3S技术能够视觉化进行问题分析、解释数据，从而揭示数据与数据、数据与时间以及数据与地点的关系、模式和趋势。3S技术在数字节水中的应用，可以更加科学、精确和高效地进行水资源规划和管理，实现节水目的。

2. 大数据与云计算技术

大数据与云计算技术为数字节水技术提供更强大的计算能力和存储能力，使大量的水资源数据可以得到高效处理和分析。云计算技术在水资源管理中的应用包括数据存储、计算服务、应用服务等方面。

3. 区块链技术

区块链技术为数字节水提供了一个安全、透明、高效的工具和平台，有望进一步推进水资源的可持续管理和利用。

4. 物联网技术

物联网技术可以将各种水资源设备连接起来，形成一个智能化的水资源管理系统，实现对水资源的精细化管理。物联网技术在水资源管理中的应用包括智能监测、远程控制、数据采集等。

5. 人工智能技术

人工智能技术通过深度学习等方法，对水资源数据进行智能分析，提供更精准的节水建议和决策支持。人工智能技术在水资源管理中的应用包括智能诊断、智能优化、智能控制等。

2.3.3　数字节水技术的应用

1. 农业领域

在我国，数字节水在农业领域的应用已经取得显著成效。这些技术在农业生产中的广泛应用，不仅有效地节约了水资源，同时也提高了农业生产效率。

（1）专家系统技术

专家系统并不是经专家组织处理问题，而是经专家建立模拟人脑思维方式系统，经知识库、模型库、推理技术把农业节水知识与专家灌溉管理经验进行归纳总结，整理出可输入电脑的数据，如农作物的生长周期、不同阶段需水量、昼夜需量差异、各阶段可能遇到的病害和解决措施等。经一定法则梳理，以信息化形式输入计算机，便于定量表达及智能决策。在实际发挥作用时，仅需把农作物相应的状态输入计算机，在专家系统得到对应的知识，借助计算机里存储的大量解决措施，产生详细的针对性解决方法，合理利用水资源，避免造成水资源的浪费。

（2）微机测控节水技术

相较于专家系统技术，微机测控节水技术更具科学性，其不再是凭借经验，而是对不同区域情况进行针对性处理。微机测控节水技术不但把计算机和传感器连接起来，还引入了通信技术，提高了控制效果。传感技术能对土壤信息、环境变化进行及时反应，根据科学模型分析，并以此调整灌溉量及灌溉时间，在节省水资源的同时，有利于创设农作物生长的有利条件。通信技术把传感器产生的结果传递给上机位，无论在何地均可对结果进行及时分析，输出灌溉指令，改变灌溉量及灌溉时间，提高灌溉效果控制，实现节水目标。

（3）农业用水需求预测系统

通过运用大数据分析和模型预测技术，农业用水需求预测系统能够收集和分析大量的农业用水数据，从中挖掘出潜在的规律和趋势。基于这些数据，系统可以构建出精炼的预测模型，对未来的农业用水需求进行准确预测。预测结果可以帮助农业部门提前做好水资源的调配和节约工作，避免水资源的短缺，确保农业生产顺利进行。农业用水需求预测系统的应用不仅提高了农业用水效率，还为国家水资源管理提供了有力的支持。

2. 工业领域

在工业生产过程中，废水的产生是不可避免的。为了减少对可用水资源的消耗，提高废水回用率，我国采用物联网技术、传感器技术和大数据分析技术等数字节水技术对工业废水进行实时监测和处理。通过收集和分析废水的水质、水量等数据，可以对废水处理过程进行优化调控，提高废水处理效果，实现废水的达标排放或回用。此外，这种实时监测和处理方式还有助于降低废水处理成本，提高企业的经济效益。

（1）智能控制系统

在工业生产过程中，循环冷却水系统是用水量较大的环节之一。为了降低工业用水量，我国采用智能控制系统对循环冷却水系统进行优化调度。通过实时监测冷却水的温度、流量等参数，智能控制系统可以自动调节冷却水的循环速度和流量，实现冷却水的梯级利用，提高冷却水的重复利用率。此外，智能控制系统还可预测冷却水的使用寿命，在恰当时间进行更换和处理，避免因冷却水水质恶化导致设备损坏或生产事故的同时，也不会造成水资源的浪费。此外，智能监测和控制系统还可以对水资源进行优化配置，避免水资源浪费，进一步提高水资源利用效率。

（2）智能化设备

为了实现工业用水的精确控制和节约，我国广泛使用了智能化设备，如智能水表、智能阀门等。这些设备可以实时监测用水量，并通过数据分析技术，对用水行为进行优化调控。通过采用这些高效用水设备，可以有效地降低用水成本，提高水资源利用效率。

3. 城镇建设与生活领域

数字节水技术在城镇建设与生活领域的应用逐渐增多，开创了一个更为高效、经济和可持续的节水模式，更高效、更智慧地利用每一滴水。

（1）数字孪生水网

数字节水技术可以透过数字孪生水网，建构一个与物理流域相同的数字流域，与真实流域同步仿真运行。在这一数字场景中，数字孪生水网可对物理流域进行数字映射、智能模拟、前瞻预演，从而更好地支撑水利科学化、智慧化决策，从而起到节约用水目的。

同时，数字孪生水网可在精准掌握流域水循环及其伴生的水环境、水生态、水资源等情况的基础上，构建具有预报、预警、预演、预案功能的智慧水利体系，推动水安全风险从被动应对向主动防控转变。比如，在江西婺源，水务平台将雨量、地表径流量、蒸发量、水位等要素汇聚在同一模型内，运算效率和预报准确性大为提高；在甘肃疏勒河流域，通信网络系统覆盖全灌区，数字孪生渠系智能配水和闸群联合调度系统实现全渠道水量自动控制、按需配水、闸口计量精度达毫米级。借助数字孪生技术，可以对物理流域实时监控、发现问题、优化调度，最终达到节约用水的目的。

（2）智能控漏

数字节水技术可以对监控数据进行深度挖掘，通过数据与业务互联互通，准确评估现状漏损，实时预警新增漏损，有效控制存量漏损。漏损包括物理漏失、计量损失与其他计量损失：针对物理漏失，数字节水技术拥有分区计量管理、DMA（District Metering Area，即独立计量区域）管理、乡镇管理的功能；针对计量损失，数字节水技术拥有大用户管理、居民户表管理的功能，从而有效节约水资源的使用。

2016年10月，福州市自来水有限公司开始对福州市仓山区南台岛齐安路以东区域进行漏损治理。该治理区域边界范围为81.5km²，拥有16万注册用水户，年供水量8000万m³。在漏损治理过程中，福州市自来水有限公司应用了大量的NB-IoT（Narrowband Internet of Things，即窄带物联网）智能远传水表，形成水务物联网的"感知层"，向智慧水务管理平台提供实时准确的数据，结合漏损治理模型，有效定位漏损区域，将传统的被动式检漏策略转变为主动式的检漏策略，显著提高漏损治理效率。截至2020年12月，该智慧水务管理平台共找到并维修漏点约1500个，梳理排查废弃管网150余处，累计节约水量约1600万m^3。

（3）智能监管

数字节水技术在城镇建设与生活的应用，可以实现对取用水量数据的全过程监管，对管网和设备的全面监测，实现自动预警功能，具备先进的事故管理能力。同时数字节水还可以追踪异常情况及其成因，准确预测事故风险及模拟应变措施的影响。例如，数字节水技术管理平台在晚间会自动减小水压，从而避免水管压力过大。同时，现代数字节水已经集成了许多智能家居功能。例如，通过智能水表和传感器，家庭用户可以实时监控和调整水的使用，从而避免浪费。智能洗衣机和洗碗机则通过先进的传感器技术，确保在每次使用时都能够以最小的水量达到最佳的清洁效果。和达水务公司通过数字节水技术，按照"大场景、小切口"的思路，多跨协同总体构架设计水务平台，实现漏损管控从预警监测、事件处置、现场监管，最后到评估考核的全流程统一管理。

当前，我国数字孪生流域建设仍处于起步阶段。数字节水将按照"需求牵引、应用至上、数字赋能、提升能力"要求，加快推进数字化、网络化、智能化，加快推进数字节水从节水"数字化"向节水"数智化"发展，进而实现节水"数治化"。通过用水过程与节水全要素的数字孪生，实现节水的评价、模拟、预判与决策支持，真正利用数字化手段来进行现代化节水治理，最终实现节水信息全感、节水足迹可寻、节水决策智慧、节水调控精准、节水制度有效和节水管理精细，为新发展阶段水务行业和节水事业的高质量发展，提供有力支撑和强力驱动。

第3章 ⚬

节水型高校建设

　　高校是知识传播、人才培养、文化传承创新的主阵地，我国高校具有数量多、规模大、用水相对集中的特点，是城市公共用水大户，建设节水型高校在经济社会发展和节水型社会建设中具有重要地位。近年来，水利部、教育部、国家机关事务管理局高度重视节水型高校建设，2023年12月，联合发布《全面建设节水型高校行动方案（2023—2028年）》，积极指导并推动各地开展节水型高校建设。

3.1　高校节水发展动态

　　节水型高校的建设不仅可以减少高校用水量，降低办学成本，而且还可以培养学生的节水意识，倡导节约用水的文明消费方式，树立自觉节水的社会风尚，带动全民节水意识的提高，并逐步扩大到节水型社会，实现水资源的高效利用和合理配置，这对于建设节约型社会具有重要的意义。

3.1.1　国外高校节水发展

　　绿色学校的概念最早于1972年在斯德哥尔摩召开的人类环境会议上提出，紧接着出现各种倡导节约型校园建设的高校联盟和组织，引领高校开始节约行动。1994年联合国教科文组织倡导"可持续性的教育"，1997年美国31所高校发起环保高校联盟，2008年美国和加拿大320所高校成立"高等教育可持续发展协会"，英国55所高校开展"人与地球"环保节能节水运动等，这些节约型校园组织、联盟的成立表明了全球各地高校进行节能节水建设的决心，组团的形式也能够让高校之间互相帮持，互相监督，共同进步，有效提高节能建设的效率。

　　除此之外，各大高校积极制定相应的目标、计划、政策以达到降低能耗的目的，如1994年美国耶鲁大学制定了"可持续发展校园蓝图"；加拿大滑铁卢大学进行了"校园绿色行动"；英国爱丁堡大学提出了"环境议程"；2008年东京大学实行了"绿色东京大学计划"；2010年美国529所高校推出了"联合校园节能计划"；康奈尔大学开展了"绿色校园计划"等。

　　国外众多高校在采取了一定的节水措施后都产生了较好的节水效益。哥伦比亚大学在对校园288栋大楼进行了漏水修复和低流量用水装置安装后，购买的饮用水量降低了30%，节省了150万美元用水费用；密执安州立大学、伦敦希思罗机场、宾州州立大学等都在校园安装了无水小便器，直接免除了小便冲水用水量；早在2000年美国就有17所高校进行了中水回用，用水量降低了45%；巴西东北部一所大学的研究小组实施减水项目，从1999年到2008年人均用水量减少了一半；日本部分高校在大型建筑物地下建设雨水储蓄池，将蓄存的雨水用于绿化浇灌。总体而言，高校节水主要是通过采用传感器感应节水便器、低流量喷淋头等节水卫生器具，结合中水、雨水回用等措施来降低用水量；也有国家通过立法来督促高校开展节水工作，例如加拿大东海岸的达尔豪西大学，其耗水量远高于全国平均水平，在省级立法后，这所大学用水量降低了20%。

3.1.2 国内高校节水发展

我国节约型高校建设起步相对较晚，20世纪90年代我国高等教育开始快速发展，高校学生规模不断扩大，2022年，全国共有高等学校3013所，在校生总规模为1229万人，比上年增加225万人，高校用水量日趋攀升。

高校是集教育、科研和生活于一体的综合性公共园区，是节约型人才培养和节约技术研发的重要基地。作为公共性园区，高校具有资源无偿性使用这一特点，导致其存在资源严重浪费的现象，并因此产生巨大能耗。此外，高校用水具有规模大、用水集中、用水对象单一稳定、用水时段与教学安排密切相关的特点，同时部分老旧校舍存在节水器具落后、管网漏水等现象。2020年我国高校人数约占全国城镇人口的4.29%，但高校总用水量约占城市公共生活用水总量的20%，因此，高校具有巨大的节水潜力，根据高校用水特性因地制宜地制定节水方案，可以达到事半功倍的效果。

2006年《教育部关于建设节约型学校的通知》（教发〔2006〕3号）印发，明确要求各地各学校开展节约型学校建设，为我国节约型校园的建设拉开了序幕。此后，教育部于2008年再次下发了《节约型校园建设的意见和建设管理导则》，自此，我国节约型校园的建设工作有了明确指引，节约型校园建设工作全面铺开。

2009年~2012年，校园节能监管体系示范建设开始在全国推广，在国家专项资金支持和各部门的指导下，2012年已有200多所示范高校获批建设。2010年后我国也陆续成立了一些联盟和组织，如2010年成立"全国高校节能联盟"，2011年成立"中国绿色大学联盟"，2012年成立"国际环境可持续大学联盟"，共同努力向建设节约型校园的目标迈进。

节约型校园建设以校园设施节能、节水为抓手，得到了全国高校的积极响应，取得了显著的经济、环境和社会效益。节水型高校建设是推进高校开展节水工作的重要途径，也是践行习近平总书记"十六字治水思路"的具体举措。在开展节水型高校建设的同时，我国也倡导创新节水技术与模式。

2014年水利部在节水大环境下，以能源合同管理为重要参考，提出了合同节水管理模式。上海、北京、河北等地高校积极响应号召，尝试探索合同节水管理工作，积累了经验并初步取得良好效果。2019年全国水利工作会议上，提出高校合同节水是2019年节水攻坚战的亮点，要尽快推动建成节水型高校。在2020年全国水利工作会议上，再次提出利用社会的资本和技术力量开展高校节水工作，采用合同节水管理模式建设节水型高校。由此可见，我国正积极在高校领域开展节水工作，鼓励各校创建节水型高校，缓解我国水资源短缺问题，改善区域水环境，助力经济转型和实现可持续发展。

高校节水工作的开展是一个循序渐进的过程，大多数高校的老校区安装的是老旧的非节水器具，随着用水器具节水性能的不断改善优化，部分高校开始尝试对校园内的老旧用水器具进行更换和改造，取得了较为显著的节水效果。在此之后，高校管理人员开始注重非常规水源的开发利用，节流的同时进行开源，在校园内增设中水处理站，对废水及雨水进行处理后回用，使节水工作再上新的台阶。随着信息技术的发展，智能数字化管理逐渐走进校园，采用智能IC卡用水计量收费、建设能源监管平台对用水数据实时监控和管理等方法，也逐渐在高校中推广开来。

2023年12月，教育部、水利部和国家机关事务管理局联合印发《全面建设节水型高校行动方案（2023—2028年）》，明确至2025年底节水型高校建成比例达到70%，至2028年底全面建成节水型高校，遴选一批高校水效领跑者，示范引领全社会节约用水，标志着我国全面开启节水型高校建设工作进入新阶段。

3.2　高校节水技术

高校节水工作需要多方面技术的支撑，在建设前期需要通过用水分析技术强化精细化用水管理，帮助制定年度用水计划、配备和管理用水计量器具。同时，校园的节水工作要从开源和节流两方面入手，一方面要尽可能提高非常规水资源的利用，将校园绿化、景观用水和清洁用水纳入非常规水资源的使用范畴；另一方面，需要加强管网漏损控制，排查校园供水管网现状，积极推广应用管网漏损监测技术，稳步推进老旧供水管网改造，降低管网漏损率，杜绝跑冒滴漏。

3.2.1　高校用水分析技术

作为高校节水建设前期的关键性技术，用水分析可为用水主体实现水资源科学规划和水资源精细管理提供依据。高校在了解自身水资源利用情况的基础上，才能因地制宜制定切实可行的用水节水计划，实施科学的用水管理；政府通过掌握高校领域水资源利用情况及节水潜力，并进行统筹协调，使得区域用水得到均衡发展。

目前，最为常见的用水分析技术为水平衡测试技术，这是一个对用水单元和用水系统的水量进行系统测试、统计和分析，得出水量平衡关系的过程，是高校用水方面"审计"的技术性测试，同时也是高校进行科学用水管理行之有效的方法，对实现节水型高校建设具有重要意义。水平衡测试可以帮助高校全面了解校园内部的管网状况，涉及高校用水管理的全过程，同时具有较强的综合性、技术性，包括各用水单元、用水设施、用水工艺的现状，依据实测水量数据，绘制水平衡方框图，找出水量平衡关系，依靠计算、分析，对照定额、标准进行综合评价后，采取相应的技术措施，挖掘节水潜力，达到加强节水管理，提高合理用水水平。

（1）掌握高校用水现状。如给水排水管网分布，各用水单元、设备、设施、仪器、仪表、节水器具分布及用水情况，用水总量和各用水单元之间的定量关系，获取准确的实测数据。

（2）合理化分析高校用水现状。依据资料和获取的数据进行汇总、计算、分析，评价有关用水技术经济指标，找出薄弱环节和节水潜力，制定出切实可行的技术、管理措施和规划。

（3）查找和修复漏点。找出高校用水管网和设施的泄漏点，并采取修复措施，消除跑、冒、滴、漏等问题。

（4）健全高校各级用水计量仪表，既能保证水平衡测试量化指标的准确性，又为今后的用水计量和考核提供技术保障。

（5）分解指标和实现目标管理。可以较准确地把用水指标层层分解下达到各用水单元，把计划用水纳入各级承包责任制或目标管理单位，定期考核，调动各方面的节水积极性。

（6）建立用水档案。将高校水平衡测试工作中搜集到的资料，即原始记录和实测数据等，按照有关要求，进行处理、分析和计算，形成一套完整翔实的，包括有图像、表格、文字材料在内的用水档案，为高校制定用水定额和计划用水指标提供较翔实准确的基础数据。

（7）可以提高高校用水管理人员节水水平和业务技术素质。

3.2.2　高校节水控漏技术

供水管网的漏损，一方面浪费了部分取水、处理和输配的成本，另一方面增加了配置增压设施与管道维护的成本，严重降低用水效益。然而，许多高校校园由于地下供水管网使用年限较长，老化较严重，且缺乏专业、科学、有效的管理，成为地下供水管网漏失的重灾区。因此，能够及时找到漏水点，并加以修复，成为校园节水工作的重要环节。

地下供水管网因其走向不明、材质各不相同等原因，对于漏水点的检测与定位一直是一个难题。目前，地下供水管线检漏的技术主要有人工听音法、DMA（District Metering Area，即独立计量区域）分区计量法以及综合各类技术开发渗漏报警系统等。

1. 人工听音法

人工听音法是根据管道发生漏损时，管道中的水与漏水点之间产生摩擦，发生振动并产生噪声的原理，通过听漏棒、电子听漏仪、噪声自动记录仪等设备，检测漏水时发出的声音，对漏点进行定位的方法。人工听音法是目前使用最广泛的漏水点检测方法，具有简单、投资小等优点，但该方法对于检漏人员的水平要求较高，且因难以及时发现漏水点，对于大面积管网的漏水点检测难以发挥较好的作用。

2. DMA分区计量法

DMA分区计量法是控制城市供水系统水量漏失的有效方法之一，在1980年初由英国水工业协会首次提出。DMA的定义是供配水系统中一个被切割分离的独立区域，通常采取关闭阀门或安装流量计，形成虚拟或实际独立区域。通过对进入或流出这一区域的水量进行计量分析，以定量泄漏水平，为检漏人员提供有力参考，从而更准确地决定在何时何处检漏，并进行主动泄漏控制。

DMA分区计量在高校校园供水管网的实际应用中，可以通过用水性质，将校园划分成不同的用水区域，并加装水表，形成从属关系明确的水表计量系统。通过各级水表的差值，可以较为精准地定位供水管网的漏损区域和计算漏损量。

（1）经验分区方法

DMA分区规划方案最初大多数采用经验分区方法，即结合DMA分区的原则，考虑行政区划和道路河流等天然分割线划定分区边界，确定分区间连接管道开闭状态，从而获得DMA分区。该方法需要因地制宜，不同地域的划分结果差异较大，对划分者的经验要求比较高，近年来国内学者对这一问题也提出了很多具有针对性的方法。

1）基于管网微观模型的管网分区方法

该方法在模型中确定管网分区阶层数后，将铁路、河流和主要干道等设置为大区域边界，初步设置区域规模和边界，根据区域间的应急管道设置和水力计算情况，反复改善方法，以最优情况作为分区结果。

2）基于道路、河流的分区方法

该方法以依附行政边界为前提，着重以主干道和河流等明显边界作为分界线，实际应用时需要对改造后的管网进行模拟分析，验证其可行性。

3）分级计量分区方法

该方法以行政区划为基础，以河流、加压站等为分界线，结合分区原则进行一级分区，在一级分区基础上，以边界计量水表数量尽可能少为原则进行二级分区，针对大用户进行三级分区。

从实际工程情况来看，目前国内已经进行管网分区的地域，大多是依据自然地理条件或行政区划进行划分的，该方法利用现有的较明显的边界进行分区规划，以达到简化管理的目的。经验分区方法有较为完整的给水管网分区流程，利用水力模型可以模拟分析分区对供水管网的影响，分区经验推动着分区方法的理论研究。但该分区方法随机性强，没有考虑管网的水力限制条件，例如如何节省能耗、提高供水管网运行效率等问题，也没有明确的评价指标确保分区方案的合理性。

（2）计算分区方法

除经验分区法外，国内外的专家学者引入数学计算的思路，基于图论的基本原理，将供水节点等效为图的顶点，管段等效为图的边，构造管网的拓扑结构图，按照一定原则对该拓扑图进行划分得到分区结果，也取得了不错的划分成效。

1）图论法

该方法需要基于图论的原理，根据供水管网的水力流通性将其等效为有向图，根据管段流向逐级搜索各个水源的供水区域，在考虑管网的等水压线和流量分布的基础上，于供水区域边界处的管道上安装阀门，将管道截断形成DMA分区。该方法大多数是基于某一时刻水源的供水范围，结合经验确定的DMA规模来划分DMA边界。但在不同的用水时刻，其供水范围处于动态的变化中，而且该方法也没有明确的依据来评价DMA的好坏。

2）恢复力指数法

有国外学者提出恢复力指数的概念，其为需水节点的实际能量和需求能量之差与总输入能量和需求能量之差的商，可用于量化管网的可恢复性，基于该指数的原理，可以通过计算水源的每个需水节点的最小能量来确定最短能量耗损路径，从而确定水源的影响范围。该分区方法在一定程度上提高了DMA分区的水力可靠性，也可以利用遗传算法对DMA边界的公共节点集进行交换选择，使DMA分区的恢复力指数更优。这种方法在较大的供水系统中也有较好的适应性。当然，这种方法利用的是某时刻管网供水节点的影响范围来进行DMA分区，因此得到的分区结果仅代表特定时刻的最优分区。

3）管网拓扑法

该方法根据给水管网系统的供水节点和管段的基本属性（如节点流量、标高，管段流量、管径等）将管网等效为无向加权拓扑图。之后可以采用METIS等图划分软件，结合深度优先搜索算法和蚁群算法等优化算法，对管网无向拓扑图的节点进行划分，得到DMA分区。

综合而言，DMA能够检测出漏水区域，但无法及时第一时间发现漏水区域，需要通过一段时间的数据累计，排除各级水表间的误差，方能完成漏水区域的检测，且无法完成对漏水点的精确定位，需辅以人工听音法对漏水点进行精确定位。

3. 渗漏报警系统

近年来，国内厂家根据管道发生漏损时，管道中的水与漏水点产生摩擦发生振动产生噪声的原理，结合声振传感器技术，无线通信技术及大数据分析技术等新兴技术，研发出一套供水管网渗漏报警系统。该系统通过安装在阀门或管道外壁的探漏仪捕捉漏水音频信号，再利用无线通信技术将信号传输至部署在云端的分析中心，与漏水模型库进行大数据比对分析，识别漏水并定位漏点。

供水管网渗漏报警系统是一套主动型供水管网漏水监测预警系统，能够有效解决以往人工探漏效率低下的问题，减少了地下管网供水途中不必要的浪费。通过令整个地下管网的运行状况处于严密的监视之中，一旦出现漏水情况，能够及时发现并准确定位，可以极大地提高后勤水务管理工作者的工作效率。系统通过直接吸附在管道壁或阀门上的探漏仪采集管网漏水信号，使用无线网络通信技术将数据直接发送到服务器中，提高数据收集效率，大幅度降低使用单位的设备成本及人工成本。系统能够利用信息化手段和"大数据"技术对采集的数据加以整合分析，寻找规律并识别异常事件，快速定位管道漏损点，从而达到降低漏损和消除部分供水安全隐患的目的。近年来，北京大学、北京交通大学、北京外国语大学、厦门大学、南京理工大学等国内多所知名高校，均通过建设类似的管网渗漏报警系统对管网渗漏情况进行监测，能够第一时间发现管网渗漏，及时修复，取得了良好的节水效果。

3.2.3　高校非常规水源开发利用技术

1. 中水回用技术

高校主要用水环节为洗涤、沐浴、冲厕等，用水结构简单，杂排水水质较好，利于分类排放和处理，经过处理的中水可以用于校园内建筑冲厕等。近年来，国内高校越来越重视中水的循环利用，相关技术也在提高，就目前的高校中水处理技术而言，经过处理产生的中水可以达到生活用水水质标准。

针对不同的污水类型，高校中水回用处理工艺一般较为简单。高校污水可以分为两类，一类为优质杂排水，另一类为校园生活污水。当中水的原水为前者时，处理对象主要为水中的悬浮物和少量有机物，通过膜处理法等一些较简单的物理手段即可完成处理。当中水原水为校园生活污水时，有机物的比例大大增加，处理过程需要借助活性污泥法等生物处理方法。

高校现行的中水处理方法主要有分散式处理和集中式处理。高校的排水点分布较分散，且相互独立，应用集中式处理可以有较好的水质适应能力，但收集管网较为庞大，建设成本极高。分散式处理的管线设计、改造比较方便，投资成本较低，还可以根据建筑的排水特点进行分流，将洗浴水等优质排水分级进行中水处理并回用，在高校中更为常见。以北京交通大学为例，该校创新试验使用微中水处理技术，在部分宿舍楼安装收集、处理、回用装置，将宿舍楼优质盥洗水收集经简单处理后回用到宿舍楼内作为冲厕用水，节水效果良好。

2. 雨水回用技术

雨水水质具有一定的波动性,在降雨初期,COD接近100mg/L,SS接近70~90mg/L,TP接近0.4mg/L,经过初期径流后,雨水水质变好;在降雨后期,雨水的COD一般低于20mg/L,SS低于10mg/L,TP稳定在0.15mg/L左右,基本上满足生活杂用水水质标准,因此,收集初期径流后的雨水,将其经过适当处理后,便可直接利用。

我国对于校园雨水的利用仍处于试验阶段,各大高校在此方面开展了诸多探索,如清华大学环境学院的节能楼,利用建筑屋面收集雨水作为景观用水;北京工业大学北校区进行雨水收集,对其进行简单沉淀、过滤处理后输送到学校各处作为中水进行回用等,均获得了良好的节水效果。

我国高校校园的面积普遍较大,相应的绿地面积和建筑面积也较大,许多校园内还建设有景观湖,具有较大的储水空间。校园雨水的收集与回用和其他建筑相同,主要分收集、调蓄、处理和分配利用四个步骤。处理后的雨水可用于建筑冲厕、道路浇洒及景观补水等,能够节省用于这些方面的水资源费用,具有可观的经济效益。通过对校园雨水的收集和回用,收集雨水资源作为景观水主要补水水源,不仅可以有效减少雨水的排放量,降低校园雨水泵站的设计规模和运行费用,而且增加了校园水资源可利用量,提高水资源承载能力,保障校园水资源的可持续利用。同时,校园雨水的综合利用也降低了校园对市政再生水供水设施的要求,减轻了市政再生水供水系统的负荷。校园内增加地面的渗透性能,不但保护了地下水资源,还降低了城市洪涝灾害危害程度。此外,在校园内实行雨水生态化综合利用工程,能够有效减轻地表径流的非点源污染,从而也减少因雨水的污染而带来的河流水体环境的污染。综合而言,校园雨水利用的产出远高于投入,雨水的生态化综合利用具有巨大的经济、社会和环境效益,是实现校园水资源可持续利用的有效途径之一。

3.3　高校节水器具

高校校园内部有大量的用水器具,利用不同用水器具的技术结构和节水运行原理,有针对性地逐一进行节水设计和改造,是一项极为有效的节水手段,能够在末端用水段有效节省水资源。根据2014年8月1日起实施的城建行业标准《节水型生活用水器具》CJ/T 164—2014的定义,节水器具是指满足相同的饮用、厨用、洁厕、洗浴、洗衣等用水功能的,较同类常规产品耗水量低的器件、用具。

为推广节水型用水器具的使用,各国相继立法推动节水型用水器具的更换与安装,同时限制高耗水用水器具的生产和销售。我国颁布的《节水型生活用水器具》CJ/T 164—2014明确规定了各类用水器具的节水要求。目前,国内各大厂商已经开发出节水马桶、节水龙头、节水型水箱、节水型洗衣机等多种节水型用水器具，市场反应良好。

3.3.1　水龙头

水龙头是水阀的通俗称谓，最早出现于16世纪，采用青铜浇铸，用来控制水管的出水和水流量的大小，有节水的功效。水龙头的更新换代速度非常快，从老式铸铁工艺发展到电镀旋钮式，又发展到不锈钢单温单控水龙头、不锈钢双温双控水龙头、厨房半自动水龙头等，现今市面上大多使用陶瓷阀芯的水龙头。

1. 常规水龙头的结构与原理

按照水龙头的用途分类，生活中常见的水龙头可以分为厨房洗菜使用的水龙头、浴室洗脸盆上使用的水龙头、浴缸水龙头三种；按结构分类，又可分为单联式、双联式和三联式等。另外，还有单手柄和双手柄之分。单联式水龙头可接冷水管或热水管；双联式可同时接冷热两根管道，多用于浴室面盆以及有热水供应的厨房洗菜盆的水龙头；三联式除接冷热水两根管道外，还可以接淋浴喷头，主要用于浴室浴缸。单手柄水龙头通过一个手柄即可调节冷热水的温度，双手柄则需分别调节冷水管和热水管来调节水温。在校园内最为常见的水龙头是洗脸盆水龙头，多分布于宿舍内的洗脸池，盥洗池水龙头多分布于食堂、卫生间等公共区域的洗手池。

洗脸盆水龙头（图3-1）主要由手柄、阀芯、进水编织管和安装小配件组成。陶瓷阀芯是它的核心构件，一般情况下陶瓷阀芯底部由三个孔组成，其中两个孔一个用于进出冷水，另一个用于进出热水，剩下的一个用于阀芯内部出水。

※图3-1　洗脸盆水龙头

通常情况下，阀芯最左边的孔为热水出孔，右边的孔为冷水出孔，手柄开关带动阀杆移动，使陶瓷片移动，左右两孔被密封，此时水无法进入阀芯，水龙头处于关闭状态。当水龙头把手转至出水状态时，会带动陶瓷片移动，使阀芯左边孔完全打开，右边孔完全闭合，导致冷水无法进入阀芯，热水进入阀芯，流出热水。冷水的出流过程同理，通过这个方法能够实现手柄开至右边为冷水，手柄开至左边为热水，当手柄开至中间时，由于冷热水管通道同时打开，流出就是温水。

※图3-2　盥洗池水龙头

盥洗池水龙头（图3-2）则由螺旋阀芯组成，其主要依靠阀杆旋转，通过螺纹产生移位，达到进水孔开、关的效果。当旋转阀杆时，螺纹咬合，使阀芯密封端前进、后退。当阀芯扭进时，会将进水口密封，同时密封出水口的位置，依靠阀芯密封端对出水口密封来实现冷、热水的交替。

2. 节水型水龙头

国家节水型生活用水器具相关标准规定，节水型水龙头是具有手动或自动启闭及控制出水流量等功能，在使用中能实现节水效果的阀门产品。其节水的原理主要来自三个方面：限制水龙头出流量，缩短水龙头开关时间，避免水龙头滴漏现象。延时自闭式水龙头每次给水量不大于1L，给水时间4～6s，并且产品的开关，即感应式水嘴的使用寿命应大于5万次，陶瓷片密封式水龙头应大于20万次，其他类水龙头应大于30万次。

陶瓷阀芯水龙头是应用最为广泛的一种节水型水龙头。它可以开合数十万次不漏一滴水，节水量一般为30%～50%，价格较低廉，因此，在居民住宅等建筑中宜对其进行大力推广。陶瓷阀芯水龙头还可以装有雾化器，在降低水流速度的同时，洗手洗物时不会有水花溅起。

感应式水龙头（图3-3）在离开使用状态后2s内能够自动止水，在非正常电压下自动断水，开关使用寿命大于5万次。市面常见的感应式水龙头有两种，红外线自动控制水龙头和无活塞延时阀芯水龙头。红外线自动控制水龙头，可以通过红外线自行检查其下方或前方的固体发射体，并根据发射体的距离调整工作距离，避免出现长流水现象，若下面没有洗手动作不给水，洗手时间过长也会停水。无活塞延时阀芯水

※图3-3　感应式水龙头

龙头具有轻触即出水的特点，水流可自动冲洗触点，使触点保持清洁，在达到设定的延时时间后，水流将自动关闭，避免手柄开关传播病菌，其自带的停水自锁功能也能避免产生漏水。

铜质节水龙头主体由黄铜制成，采用陶瓷密封，外表镀一层铬，具有抗锈蚀、不渗漏、开关行程短等特点，能够很好地控制流量，起到节水效果。由于铜的抗压性、强度和韧度很好，水龙头不易爆裂，是冬季气温较低地区的首选节水器具。另外，其良好的密封性可以防止污染入侵，铜离子还能避免细菌再生。其出水量可以满足厨房洗菜、洗碗、洗手等要求，尤其适合在宿舍洗脸池、食堂的厨房上使用。

不同水龙头的流量及节水率各不相同（表3-1）。陶瓷阀芯水龙头具有较高的节水率，且这种水龙头使用寿命长，开关滞后时间短，密闭性较好。

不同水龙头的流量及节水率　　　　　　　　　　　　　　表3-1

水龙头种类	流量（L/s）	节水率（%）
陶瓷阀芯水龙头	0.0902	65
90℃启闭普通水龙头	0.1897	28
普通铸铁水龙头	0.2645	—

除利用水龙头启闭达到节水的目的以外，安装在出水端的各类水嘴或进水口的恒流节水器也是一项重要的节水措施。市面常用的节水器包括充气式水嘴（起泡器）、雨花式水嘴和喷雾式水嘴三种：

（1）充气式水嘴（起泡器）：利用射流技术，通过负压吸入空气，使流经水嘴的水和空气混合形成膨化水，整流后流出，使用时令用户产生出水量大的错觉。充气式水嘴具有出水流态好、使用体验佳、飞溅小等特点，减少出水量的同时不影响冲洗效果，显著提高用水效率（图3-4）。

（2）雨花式水嘴：通过将出水限制在几个出流孔中，有效控制出水流量。由于出水流态较为发散，喷洒范围更广，冲洗力度更强（图3-5）。

（3）喷雾式水嘴：采用直压式喷头，水流通过水嘴后形成小水滴，以雾状形式高速喷出，有效增大洗涤面积，具有实际出流量极小，节水率高的特点（图3-6）。

※图3-4　充气式水嘴出流状态　　※图3-5　雨花式水嘴出流状态　　※图3-6　喷雾式水嘴出流状态

（4）恒流节水器：根据供水水压自动控制过流面积大小，即水压升高时阀门开度自动减小，水压降低时阀门开度自动增大，出水流量基本保持稳定，为冲洗提供稳定的出流，同时随着水压增加，节水效果更加明显。同一用水单元大量安装恒流节水器可以实现各水龙头之间平均分配供水流量，以此有效缓解用水高峰期高楼层水龙头流量不足的问题。

3.3.2　淋浴器

淋浴器是校园生活中的又一常见用水器具，其组成部件主要包括：水龙头、顶喷、手持花洒、下出水、管件、滑座和软管等。最简单的淋浴器结构是水龙头和手持花洒的组合，除了必要的主控水龙头、固定墙座和手持花洒，没有多余的部件，实现基础的淋浴功能，几乎适用于所有的卫浴空间，安装简单，价位相对较低，也是现阶段国内大部分高校宿舍普遍采用的形式。由于固定座花洒一旦安装后便无法调节手持花洒高度，而在高校宿舍中，宿舍成员身高不一，此时很难调和淋浴高度，固定座花洒的安装高度也只能取身高平均值。基于此，部分高校会使用带升降杆设计的淋浴花洒，通过一个直杆搭配一个滑座，能够有效解决高度调节的问题。随着高校建设的推进，国内各大高校在校舍上的投入也越来越高，部分高校新建的宿舍，会在原有直杆的基础上增加一段弯管，连接一个顶喷淋浴器后，实现水龙头+手持花洒+顶喷的淋浴模式，这种模式下学生可以根据需要自行切换淋浴器，洗浴舒适感大大增加，但这种淋浴模式的建设成本较高，目前国内高校的应用相对较少。

1. 常规淋浴器的结构原理

淋浴器的各个组成部件中，最为重要的是水龙头，水龙头是淋浴器的"主体"，负责控制出水和出水模式，而整个水龙头主体的"心脏"则是位于分水器内的阀芯，花洒的转向、压力、冷热水混合、流量等进一步调控都是依靠阀芯来实现的。

依据阀芯在淋浴器内承担的不同功能，可以分为主控阀芯（混水阀芯）、分水阀芯（切换阀芯）、温控阀芯（恒温阀芯）。

（1）主控阀芯

主控阀芯，通俗地说就是混水阀，通过接通冷、热水管，达到混合冷、热水的效果（图3-7）。在一些老式的淋浴器还可以看到，水龙头上配置双把手，一个把手控制冷水，另一个把手控制热水，现在普遍简化设计为单主控把手，把手上有"左热右冷"的标识，只要一个混水阀就能调节冷热水的混合比例。市面上常见的主控阀芯多为陶瓷阀芯，阀芯底部有三个孔，分别用于进冷水、进热水及阀芯内部出水。当转动水龙头把手，阀芯内部的陶瓷片也会相应移动，控制进出水口的开闭状态，从而达到把手扳到左边，流出热水；扳到右边，流出冷水；若是在靠近中间偏左的位置，冷热水管通道同时打开，流出的就是温水。

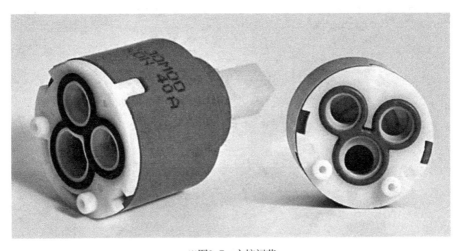

※图3-7　主控阀芯

（2）分水阀芯

分水阀芯也叫切换阀芯，淋浴器的水路一般是冷热水进入混水阀芯，混合之后进分水阀芯，通过分水阀芯把水分到顶喷、手持花洒和下出水，从而实现不同功能出水的切换（图3-8）。若淋浴器出现顶喷、手持花洒、下出水漏水的情况，问题极有可能就出在分水阀，可以通过更换分水阀芯，尝试解决问题。

※图3-8　分水阀芯

（3）温控阀芯

温控阀芯主要用于恒温淋浴器上，是保持恒温出水的核心部件，因此也被称为"恒温阀芯"。实现恒温出水的秘诀在于恒温阀芯的感温组件上。

1）石蜡感温组件

其工作原理是将高纯度的特殊石蜡灌进一个细小的铜容器中，容器口盖一片橡胶传感片（图3-9），随着温度的高低，容器中的石蜡体积也随之膨胀或缩小，再通过容器

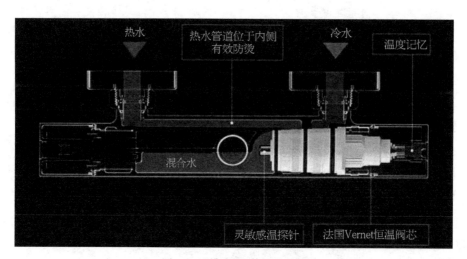

※图3-9　石蜡感温组件原理示意图

口的传感片带动弹簧推动活塞来调节冷热水的混合比例。

2）SMA（Shape Memory Alloys，形状记忆合金）恒温阀芯

该阀芯利用镍钛（Ni-Ti）合金制成的形状记忆合金弹簧，通过感应混合后温水的温度改变本身的形状，从而推动活塞来调节冷热水的混合比例（图3-10）。SMA恒温阀芯反应速度极快，在40℃附近的反应极其灵敏，可满足使用者进行无级微调的需要。

※图3-10　SMA恒温阀芯

2. 节水型淋浴器

相比节水龙头，节水型淋浴器与普通淋浴器间的差别不大，多采用接触或非接触控制方式启闭，并有水温调节和流量限制功能的淋浴器产品。淋浴器喷头在水压0.1MPa和管径15mm下，最大流量不大于0.15L/s。淋浴阀体的耐压强度达到该产品公称压力的1.5倍时保压30s，不变形、不开裂、不渗漏，即淋浴阀自然关闭时，通入该产品公称压力1.1倍的水，出水口、阀杆密封处不出现渗漏；封住出水口，由入水口通入压力0.1MPa的水，阀杆密封处也不出现渗漏。产品淋浴阀的使用寿命能够大于5万次。

常见的节水式淋浴器主要有两类：

（1）充气式淋浴节水器：包括安装在花洒喷头进水口和淋浴顶喷进水口两种类型。通过进气孔吸入空气，使水和空气混合，膨化后高速喷出，减少出流量的同时保持喷洒范围和沐浴效果，有效提高用水效率（图3-11）。

（2）恒流式淋浴节水器：可安装于淋浴顶喷进水口、花洒软管进水口和花洒喷头进水口。采用活塞式减压恒流技术，安装后解决高层供水水压不足的问题，出水水流稳定，提高沐浴舒适度（图3-12）。

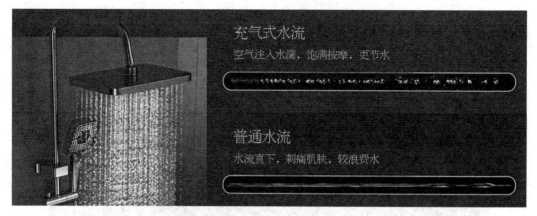

※图3-11　充气式淋浴节水器

※图3-12　恒流式淋浴节水器

注：从左至右分别为低、中、高压进水模式。

（3）感应式淋浴节水器：节水原理与感应式水龙头类似，接通电源后，红外控制器会向前方发射具有编码的红外线扇形光波，光波遇到人体后，会反射回来并被控制器中的接收管感知，经控制器中的微型电脑解码判断后向电磁阀喷头部分发出开阀命令，随即淋浴喷头部分的电磁阀打开，喷头出水（图3-13）。人体离开感应控制器有效感应距离后，接收管接收不到反射光波，微型电脑向淋浴喷头部分发出

※图3-13　感应式淋浴节水器

关阀命令，电磁阀就会自动关闭，水流停止，对于设置公共澡堂的高校具有很好的适用性。

3.3.3　便器

冲水便器的发明和使用是人类文明的一种象征，经过100多年的发展，便器已经成为城市居民生活当中不可缺少的器具，是宿舍生活中耗用水量较大的器具。

1. 常规便器结构原理

依据使用方式，便器主要分为坐便器和蹲便器两种，整体使用原理上较为类似，这

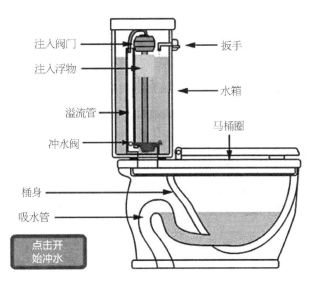

※图3-14　坐便器工作原理图

里以更复杂、应用最为广泛的虹吸式坐便器为例进行介绍。坐便器由便池虹吸装置、冲水装置、上水装置三部分构成（图3-14）。

便池的核心是虹吸装置，也就是图3-14中的吸水管，当以足够快的速度往便池中倒入了足够多的水，吸水管会被充满，此时吸水管一端连接的便器内水面较高，另一端连接的排水支管水面较低，此时会发生虹吸现象，将便器内的粪便废水快速抽离，当便池中的水流光后，空气会进入虹吸管，发出特别的汩汩声，导致虹吸过程停止，虹吸管前段的水落回便池内，形成水封，防止臭味溢出。

便器冲水时，只有将足够多的水以足够快的速度倒入便池，才能触发效果明显的虹吸现象，便器多利用配置的水箱来完成这一目的。在便器水箱的侧面，有一个手柄，这个手柄与一根链子相连。按下手柄时，会拉动链子，这条链子又与冲水阀相连。链子将打开冲水阀，冲水阀会漂起来，露出直径为5cm到8cm的排水孔。水会沿着这个孔进入便池。在大多数便器中，便池设计为一部分水通过马桶唇面中的孔流入便池。其余大部分水通过便池底部的吸水管流出，水箱中的所有水会在大约三秒内进入便池，可产生足够的虹吸效应，将便池中的所有水和污物吸走。

水箱中的水流尽后，冲水阀会回到水箱底部，堵住排水孔，这样水箱就能重新注满水。上水装置就是要用足够的水将水箱充满，以便重新开始整个过程。上水装置使用一个阀控制水的开关。当水满浮块（或水满浮球）下降时，这个阀会使水流入水箱。水箱中的水位下降时，浮块也会随之下降。注水阀（或上水阀）会从两个方向注水：一部分水通过上水管注入水箱。其余的水通过溢流管流经便池注水管流入便池。这样可以在便池中缓慢注水。当水箱中的水位上升时，浮块也随之上升。最终，浮块上升到一定高度，将上水阀关闭。

2. 节水型便器

传统便器主要依靠大水量直冲式冲走污物，冲洗时间长，耗水量大，常常冲洗不净，易堵塞，噪声大，缺乏环保性。我国于2015年修订发布了《卫生陶瓷》GB 6952—2015，并于2016年10月1日起实施，便器名义用水量见表3-2。

《卫生陶瓷》GB 6952—2015的便器名义用水量（单位：L）　　　　表3-2

项别	普通型便器名义用水量	节水型便器名义用水量
坐便器	≤6.4	≤5.0
蹲便器	单冲式≤8.0 双冲式≤6.4	≤6.0
小便器	≤4.0	≤3.0

节水型便器宜采用大、小便分挡冲洗的结构，在保证卫生的条件下，大便冲洗用水量不大于6L，小便冲洗用水量不大于4.5L（图3-15和图3-16），水封深度和水封回复不小于50mm；污水排放试验后的稀释率不低于100%。同时，水箱配件使用寿命应大于5万次。两挡式节水型便器水箱在冲洗小便时，冲水量为4L（或更少）；冲洗大便时为9L（或更少）。以三口之家计算，每人每天大便1次、小便4次，9L的水箱日用水量为135L，而两挡式水箱日用水量只需75L。这种器具还不需要更换便器和改造排水管道系统，尤其适用于现有便器的更新换代。

超节水型便器是日本提出的，"超节水型便器"标准明确规定：大冲洗时的冲洗水量为6.5L以下，用来测试的代用污物及卫生纸能被排出便器；小冲洗时冲洗水量为

※图3-15　节水型蹲便器水箱

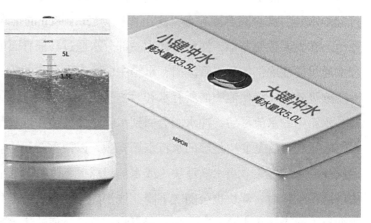

※图3-16　节水型坐便器水箱

5L以下，卫生纸被排出便器后，存水弯处存水需达到95%的替换率；大冲洗时，代用污物的平均排送距离需达到10m。法恩莎超节水型便器单挡冲水量平均在4.5L，这种器具运用流体力学原理对S弯管进行电脑冲水模拟显示，用最少的水达到充分虹吸的效果；同时，对S弯管的内壁施釉，减少水流过程的阻力，提高水道系统的合理性；应用国际先进水箱配件，用更少的水量达到更好的冲洗效果。

空气助压式超节水型便器分为两个部分：空气助压水罐和特殊水路结构的陶瓷便器。它直接利用水罐进水时空气压缩产生的强大推力，不增加任何附加设备及能源，同时全方位改变便器的进水流速以及冲水的孔径、孔距、孔位、角度，改变腔体体积，以3L的水量，成功满足冲洗的要求。

直排新型节水便器有两种：第一种是用水量14L/4L的容积水封式直排新型节水便器，利用中立杠杆平衡原理，采用翻斗式排污隔臭技术，用翻斗排污装置取代存水弯。采用直冲翻落式排污有以下好处：没有冲落与虹吸，使排污阻耗为零，避免冲洗噪声扰人；特有的负压作用可以抑制不洁气旋产生，保持空气清新舒适；直冲排污全部为冲洗后的洁净水，水中无污物残留，非常健康环保；节水效果明显，比普通便器节水3～5倍。第二种是一杯水马桶，它也采用直接排污的技术，其用水量和污水排放量比国际标准减少了83%。同时，免除了弯曲、狭长、超高的排污通道，污物流程短、排污快捷，且使用脚控冲水排水装置，节水减排，防臭保洁，方便卫生。

除了选择节水型便器，还可以对冲洗阀进行改造实现节水，包括以下几种：

（1）延时自闭式冲洗阀。可根据按力的不同产生不同的排水时间和排水量，一般排水时间为6～10s，单次冲洗量小于6L，其节水率约为33%，若设置不同冲洗挡位，节水率将更高。

（2）自动感应冲洗阀。这是目前使用较多的一种节水便器，由电磁水阀、自动漏水阀、人体感应控制器等部件组成，采用了自动化控制技术，安装比较方便，故障情况少。

（3）高压虹吸式蹲便器。该蹲便器在便池外侧设有护冲管道，排污口上的冲水口和护冲管道相连，以此达到节约用水的效果，并且这种蹲便器成本低，使用便利，具有良好的推广性。

3.4　高校节水建设

校园节水是一项长期而重要的工作，需要学校、师生和社会各界的共同努力。在节水型社会建设中，高校节水建设具有特殊性，一方面，高校校园内部的建筑具有鲜明的功能特点，不同建筑内用水的时空分布存在一定规律，针对不同建筑的特点开展节水改造能够取得良好的成效;另一方面,高校校园内部的功能区划较为完善,用水生态自成体系,对不同区域的用水特点和用水要求实施有针对性的技术措施,能有效地推进校园节水工作,帮助我们更好地保护水资源环境。

3.4.1 高校节水建设概况

随着社会的进步和国民经济的快速发展,高等教育的普及程度不断提高,高校在校生的数量不断增加,办学规模不断扩大,已超过大部分老校区的承载能力,随之而来的是大批新校区和大学城的高速发展建设。针对新老校区的不同特点,开展高校校园节水建设的侧重点和措施也不尽相同。

1. 老校区节水

老旧校区节水工作的重点主要是通过对现状的用水设备进行节能改造,包括开展水量平衡测试,利用探漏设备与DMA分区控漏技术进行供水管网的改造,降低管网的漏失率;更换非节水型器具,使用节水产品和卫生器具;实行用水计量收费,推广智能刷卡付费方式;利用非传统水源,将中水、雨水进行回用。

近年来,国家部委和各省级机关大力推进节水高校建设,鼓励高校积极开展校区节水改造,其成果花开各地,硕果丰存。国家机关事务管理局、国家发展和改革委员会、水利部于2021年8月联合评选出的168所"全国公共机构水效领跑者"中有64所为高校,占比近40%。2022年11月,88所国内高校因节水改造工作成果突出,获评全国节水型高校典型案例。此外,各省(自治区、直辖市)节水型高校建设也在持续推进,截至2023年底,山东省已建成节水型高校120所,湖南省累计建成96所,浙江省71所,江西省65所,吉林省42所,内蒙古自治区30所,青海省9所。

校区节水改造过程中,各大高校结合自身校园特点,开展制度和技术创新,成效显著。福建理工大学于2019年在福建省高校中率先开展合同节水建设,实施福建省第一项高校合同节水项目,节水率达42%,年节水量约90万m^3,是福建省唯一一所获评"全国公共机构水效领跑者"的本科院校。南京工业大学对自来水管网进行改造后漏损量减少,每年节约用水40万m^3。华南理工大学对学校的供水管网进行改造并把部分建筑的卫生器具更换为节水型,年节水量达142万m^3。云南农业大学对其校园进行了水平衡测试,发现并堵住消防供水管道漏水点12处,每年为学校节约水费近10万元。北京交通大学将校园所有的用水设备都更换为节水型的,浴室改为恒温混水并采用智能卡计费方式,节水效果超过50%。辽宁石油化工大学将部分的老楼手压式水龙头更换为节水型红外线感应水龙头后,月节水量为300m^3。中国矿业大学积极开展节水改造,安装了浴室智能卡收费系统,并更新改造了学生宿舍楼、办公楼、教学楼的卫生器具,节水效果良好。

众多高校在节流的同时也开始开源，将校园内的生活污废水和雨水收集后经适当处理，达到规定的水质标准后，用于校园内建筑的冲厕或者绿化，来减少自来水的使用量，也能取得较好的经济效益。北京工业大学建设了中水处理站，收集学校浴室的排水进行处理后，用于学生宿舍冲厕和草坪绿化，一年节水30万m^3，每天可省水费超4000元，经济效益明显。盐城师范学院在学生宿舍安装了6套中水回用设备，收集上层盥洗废水经处理后用于下一层冲洗便池，一年减少自来水使用量6万m^3，节省费用15万元。北京交通大学新建的中水站年平均节水4万m^3，实现了学生宿舍全部使用中水冲厕，70%以上的绿地采用中水与雨水浇灌，年可节约自来水5万m^3。成都信息工程学院对雨水进行收集，用于喷泉、假山等的景观用水，每年可节约水量577917m^3，节省水费111万元。

2. 新建校区节水

为了使学生有更好的学习氛围，诸多高校也在努力提高新建校区的教学环境和学生的生活品质。现阶段的新建高校校区基本上都是一个多功能综合体，与老校区相比，新校园规模更大，各种配套设施更加完善，对用水的舒适度、多功能性要求更高，也更加注重生态水景的运用。因此，将节水型高校作为新建高校的建设定位，全部采用节水型器具，并进行节水管理，有利于改善新建校区用水量大的现状。

2008年，住房和城乡建设部和教育部共同下发了《关于推进高等学校节约型校园建设进一步加强高等学校节能节水工作的意见》，提出了针对高校新建校区的建设要求。按照国家要求，新建校区从规划、设计、施工、管理不同阶段都要严格执行节水标准，使用节水技术，节水设备和器具，进行节水管理，并进行节水评估和审查。

相较于老校区，新建校区更加智慧化、生态化、节能化，通过更加合理的设计与严谨的施工，能够从源头下手，在建设阶段解决存在的诸多节水隐患，并在后续持续开展节水建设，同时有效避免由投入资金不足、规划设计考虑不周、新技术使用不成熟等问题造成的水资源浪费现象。山东建筑大学新建校区通过优化给水排水设计，对中水和雨水进行回用，实现水资源分质供水、梯级利用，每天可节约2000m^3左右的自来水用量。江南大学新校区构建数字化节约型校园，建设了能源监管平台，产生了明显的节能效果，建成三年后校区人数增加了14000余人，水电费用却降低超230万元。成都医学院新建校区建设采用低碳节水设计，安装节水器具，采用给水减压系统，结合校园特点进行雨水收集利用并把雨水作为景观水体补水，较大程度上提高了校园节水率。

3.4.2　高校节水建设方法

在国家政策的引导和人民节水意识不断提升的情况下，高校节水愈发受到重视，各高校节水工作的主动性、积极性有了明显提高。越来越多国内高校开始进行校园节水建设的探索，通过多年节水实践，逐渐摸索出一套适用于自身的节水方法，总结经验并进行推广，形成高校节水齐步走的新局面。

1. 校园用水分析

（1）校园水量平衡的分析测试

在开展校园节水建设前，首先需要对学校整体用水情况进行实地调研，确定学校的水源类型，梳理所有的用水途径及走向，确定校园整体的给水、用水、排水用水结构，并为下一步研究做准备。

从学校能源监管平台及手抄台账获取学校有效的总用水量、建筑分项不同时间段的用水量数据，结合用水结构对整个校园及部分建筑分项进行水量平衡测试，确定水表计量体系是否完善，是否存在跑冒滴漏，并采取措施进行改善。

将学校的用水按不同去向，将宿舍、食堂、教学、办公、绿化、其他生活服务等用水进行分类，汇总计算不同类别的用水量所占的比例，分析确定学校的主导用水量及用水比例是否合理。

（2）分析校园常规用水的规律

通过学校能源监管平台，获取校园从开始运行以来不同时间段的总用水及建筑分项用水数据，以数据的连续性和正确性为标准对数据进行筛选，然后对总用水及建筑分项的用水数据进行逐年、逐月、逐日、逐时统计分析，总结用水量随时间变化的趋势及规律，分析其中存在的不合理、不节水现象的原因，并提出解决措施。

（3）校园常规用水定额的验证

通过学校节能监管平台，获取有效时间段常规水源的总用水及分项用水数据，结合用水人数和建筑面积，计算出校园综合用水的人均用水量和建筑分项的人均用水量，将计算得出的人均用水量与不同设计规范中相应的定额、其他地区以及其他研究者做出的高校用水定额进行比较分析，验证高校的节水效果，分析学校现状人均用水量不合理的原因并提出优化措施，推荐适合高校的用水定额。

2. 校园公共建筑节水

高校作为公共建筑集合体，其内部含有大量建筑，且部分建筑功能与社会上公共建筑功能一致。依据建筑使用功能，高校公共建筑可以划分为学生宿舍、教学楼、办公楼、食堂、体育馆等。这几类建筑都具有用水人数大、用水器具多的特点，具有较大节水空间，也是国内高校开展节水工作的重点。

（1）合理设置系统

对于校园内的公共建筑，开展节水建设前首先要考虑的就是建筑给水排水系统设置的合理性，因为建筑用途、配水点水压、人均建筑面积、建筑使用年限、器具节水水平等都会对水耗产生影响。在给水系统中控制配水点水压，合理选择节水器具，对新建建筑进行系统优化设置与参数选型，对老旧公共建筑中用水器具和管网及时进行更换改造等措施，均可有效降低建筑水耗。

积极开展配水系统数字化建设，根据配水节点周围环境特点，选用合适的远传设备，构建节水的数字化系统，实时监测各配水节点的水压、水量数据变化。对供水系统进行合理分区，完善热水循环系统和消防系统布置，科学、合理选择水泵扬程，供水支管水压过大时设置减压设施，以减少无效出流，在可满足使用需求和工程安全的前提下，减少非必要阀门、阀件的布置；优化参数选型，严格要求管材、阀门、阀件和用水器具质量，推荐优先采用节水性能佳的器具。

（2）因地制宜选择中水回用方案

高校的洗涤及盥洗废水、食堂废水、冲厕及淋浴废水等共占校园用水量的70%~80%，易处理水占总水量的大多数。校内的用水主体为学生，作息时间比较一致，用水和排水量变化特点较为显著，可以节省集中收集和处理废水运行的成本。相比现有居住小区和公共建筑，校园内的盥洗室、卫生间、食堂、浴室相对独立，给水排水设施较为简单，排水分流难度低，方便收集和处理。

校园中水回用建设前期，首先需要对学校现行的中水站的实际工作情况进行调研，梳理中水回用从水源端到用水端的整体结构。从中水水源量变化规律、中水水源收集效率对中水站原水水源进行分析：教学楼、办公楼和体育场馆等公共区域内的中水以盥洗和冲厕废水为主，宿舍区则多一项淋浴废水。相对而言，食堂的情况略为特殊，高校学生食堂服务人数众多，盥洗用水量极大，一方面来自用餐学生洗手洗脸，另一方面来自食堂的生产操作，如淘米水、洗菜用水等，两类盥洗水的水质差别较大，在收集处理时需要考虑分流。

分析水源后需要进一步确定中水的处理系统，常用的系统可以分为分散系统、小集中系统、统一系统这几类。分散系统采用小型成套的处理设备，以几栋建筑物为一组，采用各自的管网收集中水，布置相对灵活，对未来规划有比较强的适应性，但对水量水质变化适应的能力比较差，管理上也较为复杂。小集中系统以功能分区为基础，依据各分区的水量、水质特点，在全校范围分区设置中水站，对水质水量的变化适应能力比较强，规模不大，好布置，但由于要建设多个基站，其基建费用较大。统一系统则是全校范围内只建设一座中水站，统一收集和供给，建设一套统一完整的中水收集、供给管网系统，管理较为方便，水质水量的变化适应能力极强，但收集管网较为庞大，建设成本较高。因此，建设时需要结合校园排水量变化显著及排水水质分流等特点，选择合适的中水处理系统。

在确定污水处理系统方案后，需在综合考虑原水水质、水量、出水水质要求、工艺设施造价占地面积等多方面因素的基础上，对各中水站的污水处理工艺进行选择。盥洗室、浴室和厕所较为集中的宿舍排水量大，污染物以易处理的有机污染为主，成分单一，因此可采取生化法处理工艺。食堂废水是以油为主的高浓度有机废水，色度高，可进一步考虑增加膜法处理工艺。厕所、实验室集中的教学区废水有机物高，金属离子含量高，可采取物化法处理工艺。

（3）优化雨水利用体系

雨水资源的收集，一般是通过雨水汇流面收集自然降雨径流。在高校中，进行雨水资源收集的主要途径有屋顶屋面雨水收集、道路雨水收集、生态收集等。实际应用中，应根据下垫面的不同选取不同的收集方法。高校建筑屋顶、屋面雨水具有水质好、方便收集的特点。屋面雨水经过初期弃流后可得到水质较好的雨水，再经过简单的处理就可达到生活非饮用水或景观水标准。校园内部机动车道路面积较大，是很好的汇水面，可以用于雨水收集，校园道路收集到的雨水相对于城市道路水质较好，水中的杂质、悬浮物、油渍等物质较少，应用简单的处理工艺流程就可以达到回用水质标准。降雨时地面雨水进入道路两边的雨水口中，汇集后经过简单过滤掉树叶、悬浮固体等较大体积杂物，再通过铺设在道路两侧的雨水管线进入贮水池。水池中的雨水再经过混凝、沉淀、过滤等处理工艺，达到回用水质便可使用。生态收集则是利用高校生态景观、绿地等进行雨水收集，比如复合生态景观水系可以直接收集落入的雨水，补充景观用水的同时还可起到排洪作用；植被浅沟、下凹式绿地等则是利用高校校园绿地进行雨水收集，通过坡度、重力作用将雨水收集起来。景观水的水质可以通过增设在水系旁边的植被浅沟来净化，后续可用于绿地灌溉、路面喷洒等。

校园内的雨水不仅可以通过雨水收集系统进行收集后再利用，也可以通过渗透铺装、绿地等透水设施下渗到地下，补给地下水，进行间接利用。高校雨水回用应考虑全局，因地制宜将多种工艺有机结合，达到充分、高效地利用雨水资源的目的。

（4）普及节水器具

使用节水器具的首要目的是减少用水时的水资源浪费，提高水资源的利用效率。当前高校校园内应用较多的节水器具包括节水型水龙头、节水型便器和节水型淋浴器。在公共建筑的施工过程中，应该选择符合要求的建筑材料和节水器具，限期淘汰其中不符合节水标准的水嘴、便器水箱等生活用水器具，保证节水器具安装率，规范施工过程，严格把控工程质量。

3. 管网维护

管道漏损是校园水资源浪费的重灾区，受地质沉降与管道施工质量低下等影响，部分高校校园存在管道漏损严重的问题，不仅造成校园给水管网内的自来水没能得到利用，流入管道周围土壤，产生极大的资源浪费，而且可能引发市政道路的水土流失，产生道路塌陷等安全问题。因此，管网的维护工作是校园节水工作的重中之重，开展管网维护可以从建设前期和运行管养两个方面开展，即在建设前期选用合理的管材，运行管养期间运用新技术及时定位管道漏损点进行修复。

（1）管材优化

给水排水系统大多都是在高压、潮湿环境中应用，因此可能会出现管道堵塞以及不同程度的锈蚀，对管道整体质量产生负面影响的同时，诱发管道漏损，最终导致水资源浪费。对于新建校区而言，在建设阶段的给水排水施工中要注重规范化选取优质施工物料，选用抗腐蚀性作用突出的管材，全面提升给水排水系统运行稳定性。对于老校区，应有计划地开展老旧管网的改造升级，进一步优化管材，降低管道漏损隐患。

（2）分区定位

开展管网系统的漏损控制，首先需要梳理校园内部的管网系统，利用DMA分区技术划分用水分区，确定各个用水节点，收集管道关键节点的水量和水压等数据，利用水平衡算法或夜间小流量模型等计算方法进行分析，判断可能存在漏损的节点，定位漏损点的大致区域。

（3）现场探漏

在实际的管网漏损控制工作中，利用算法分区进行的定位范围依然较大，往往是一层教学楼、多间宿舍区域、两栋楼间的空地等，此时需要结合人工听音等方法，通过听漏棒、电子听漏仪、噪声自动记录仪等设备检测漏水时发出的声音，确定具体的漏损管段。

（4）修复升级

现场探漏定位具体漏损管段后，通过开挖等手段将管段暴露出来，找到管段上的漏损点，对其进行补漏修复。对于不同材质和规模的管道，可以根据实际需要，因地制宜地采用不同的补漏方式。对于小型管道，可以考虑使用管道密封胶或管道补漏剂，将其涂抹在漏水处，待胶剂自然干燥，能够形成一层密封层，达到补漏的效果。更大一些的管道可以使用管道修补带，将修补带缠绕在漏水处，用力压实，待修补带自然黏合后，将形成一层坚固的密封层，达到补漏效果。若漏损点位于较大的干管中，则需要考虑使用管道焊接或使用哈夫节等管道堵漏器。

（5）信息归档

完成管道修复后，需要将管道的各项信息进行汇总记录，如管道的漏损位置、漏损性质、修复方法、修复效果、修复时间、负责人员等。在条件允许的情况下，高校需要尽早构建相应的信息系统，将各项修复信息与相应的照片、视频等电子资料进行归档整理，结合地图信息进行可视化展示。

4. 校园施工工程节水

在高校发展进程中，不可避免地需要对校园基建进行新建、扩建和改建。过去大多数的施工项目仅以工程质量为核心，忽视了对施工用水的控制，施工过程中用水浪费现象严重。随着施工技术的更新以及审美需求的提升，现代校园建设项目具有规模更大，内部结构更复杂的特点，随之产生的是浇筑混凝土、内外装修用水、上下水道工程用水，以及绿化用水等需求量的增加，致使用水矛盾更加突出，因此，校园施工工程节水是高校节约用水的一项重要环节。根据现有高校建设过程的经验，校园施工工程节水可以从现场节水管理与工艺优化两个方面开展。

（1）施工现场节水管理

制度的制定对施工单位的约束最为明显，也能使施工工人的节约用水意识提升。制度制定之后，不仅需要加强宣传教育，提升施工场地管理人员以及施工人员的节水意识，而且需要做好用水设备的维修及养护工作，确保导水管道不跑水、不冒水、不滴水和不漏水，减少不必要的浪费。另外，需要加强水资源的循环利用措施，充分利用非常规水源。

（2）施工工艺优化

桩基施工与混凝土施工是校园施工过程中的"用水大户"，针对性地对这两项工艺开展优化，能够节约大量施工用水。桩基施工过程中可以通过设置泥浆沉淀池，收集多余浇筑水，用于换浆清孔，提高水循环利用率。混凝土施工过程的用水主要集中在养护过程中，尤其在夏季高温条件下，水层蒸发快，用水量显著增加，可采用混凝土表层覆盖塑料薄膜的方式进行养护，能够有效节水。

5. 校园园艺节水

（1）种植低耗水本土植物

随着校园绿地面积的增加，在其中营建植物群落的多样性、四季景色的丰富性成为景观建设的主导方向。而本土植物是经过千百年自然淘汰选择后，最适应当地的气候、土壤环境的植物，在抵抗病虫害、节省杀虫剂、减少施肥、保护环境等方面，与外来引入植物相比有很大的优势。积极种植本土的低耗水植物能有效减少日常绿化灌溉的用水量，夏季温度高时效果尤其明显。

（2）改善土质

新建的绿地，在施工过程中表土一般已经不复存在，而养分贫瘠的底土（俗称"生土"）则暴露在外，若采用此绿地，则水分会很快顺着土壤中的毛细管蒸发，使用水量大大增加。校园建设初期，在竖向规划土方地形期间，应当尊重原有地形、地貌，减少大范围的土方平移，或将表层土和底土分开堆放，最后将表层土依旧放在表层。若遇局部换土时，可加一些有机质，如腐叶、腐树枝等有机肥。而后期的管理阶段，要注意堆制有机肥，每年至少一次将腐熟的有机肥抛洒入绿地。这样，在减少水分流失维护绿地生态平衡的同时，也能给植物提供丰富的养分。

（3）浇灌节水

改变传统的喷灌为滴灌或渗水管，可以节约70%的用水量。传统的喷灌水分在枝叶上，极易蒸发。而用滴灌或渗水管的形式，水分直接送达到植物基部，促进根系健康发育，也能有效改善因土壤密实造成的根系通气不良的状况。

第4章 ◌

高校数字节水技术应用

高校数字节水技术是在高校节水建设中，应用数字技术建立一个集成物联网感知层、网络层和应用层的高校节水实时监测体系，是实现先进、高效、智能化高校节水的重要技术手段。

4.1　数字技术概述

数字技术（Digital Technology），是一项与电子计算机相伴相生的科学技术，是指借助一定的设备将各种信息（包括图、文、声、像等）转化为电子计算机能识别的二进制数字"0"和"1"后进行运算、加工、存储、传送、传播、还原的技术。由于在运算、存储等环节中要借助计算机对信息进行编码、压缩、解码等，因此也称为计算机数字技术。数字技术已经成为创新要素最多、应用范围最广、辐射效应最大的技术创新领域。世界正在加速从"网络化"向"数字网络化""智能网络化"转变，升级、架构演进和深度集成是当前数字技术的主要特征。作为一个技术体系，数字技术主要包括大数据、云计算、区块链、人工智能、物联网五大技术。

4.1.1　大数据

大数据（Big data）是以容量大、类型多、存取速度快、应用价值高为主要特征的数据集合，最早应用于IT行业，目前正快速发展为对数量巨大、来源分散、格式多样的数据进行采集、存储和关联分析，从中发现新知识、创造新价值、提升新能力的新一代信息技术和服务业态。大数据技术（Big data technology）是指从各种各样类型的巨量数据中，快速获得有价值信息的技术。大数据技术作为新技术，拥有海量、增长快、多样化、价值动态的特点。大数据技术与虚拟化、数据挖掘、自主学习等技术融合，能提供快速准确的数据分析能力。

1. 大数据技术构建智慧水务应用系统的优势

（1）智能化

大数据技术可以实现对水资源的智能化管理和控制，例如实时监测、预测和优化，从而实现对水资源的智能化管控。

（2）高效性

大数据技术可以实现对大规模水务资源数据的采集、存储、分析和挖掘，可以更快速、更精准地掌握水务资源的相关情况，从而更快速、更有效地采取措施。

（3）精准性

大数据技术可以对水资源数据进行深度挖掘和分析，从而发现更多的潜在问题，实现精准管理。

2. 大数据技术在智慧水务中的应用

（1）提供数据支持

通过传感器、遥感等技术手段获取水资源的相关数据，包括水位、水质、水温、流速等信息，将这些数据集中存储，可以为水资源管理和保护提供数据支持。

（2）进行数据分析

利用数据挖掘、机器学习等技术手段对水资源数据进行分析和挖掘，可以发现水资源的潜在问题，例如水资源浪费、水质问题等，从而及时采取措施加以解决。

（3）进行数据管理

大数据技术可以通过智能化系统对水资源进行管理和控制，实现对供水管网的实时监测和预测，对供水量、质量、损耗等数据的分析和优化等，提高供水管理的精准度和效率。

（4）实现漏损治理

漏损治理是当前解决水资源管理和保护问题的重要手段之一，而大数据技术在漏损治理中的应用已经成为不可忽视的重要部分。大数据技术的直观数据展示方式，可帮助水司科学有效地确定漏损区域，并快速了解漏损监测情况，为供水科学调度和水资源管理与保护提供更加精准有效的支持。

4.1.2　云计算

云计算（Cloud computing）是指通过网络"云"将巨大的数据计算处理程序分解成无数个小程序，然后通过多部服务器组成的系统进行处理和分析这些小程序得到结果并返回给用户。通过这项技术，可以在很短的时间内完成对数以万计的数据的处理，从而达到强大的网络服务功能。云计算是实现物联网的技术之一，主要架构包含了SaaS、PaaS和IaaS。SaaS（Software as a Service）强调软件即服务，是一种通过互联网提供软件应用的服务模式，其中第三方提供商托管应用程序，并通过Internet将其提供给客户，用户只需要通过网络浏览器或专用应用程序就可以方便地访问和使用软件。PaaS（Platform as a Service）强调平台即服务，是云计算的重要组成部分，提供运算平台与解决方案服务，用户不需要管理与控制云端基础设施（包含网络、服务器、操作系统或存储），只需要关注自己的业务逻辑，不需要关注底层。IaaS（Infrastructure as a Service）强调基础设施即服务，把IT基础设施作为一种服务通过网络对外提供，包括服务器、存储和网络等。

高校节水技术在构建数字化系统时，采用云计算架构具有以下优势：

1. 降低成本

使用云计算架构，高校无需花费大量资金来购买和维护设备，极大降低了支出成本。同时，高校也不需要组建大型IT团队来运营云数据中心，亦节省了大量运营成本。此外，云计算还可以减少与停机有关的成本。

2. 数据安全

云计算提供了许多高级安全功能，可确保安全地存储和处理数据。云计算对其平台和所处理的数据实施基线保护，例如身份验证、访问控制和加密等。大多数用户还可以通过增加安全措施来提高数据安全等级，以加强对云数据的保护并加强对云中敏感信息的访问。

3. 可扩展性

基于云计算的解决方案，非常适合服务器配置和带宽需求不断增长或变化的单位。如果高校的业务需求增加，则可以轻松增加云容量，而无需投资于物理基础架构。这种可扩展性将与内部运营问题和维护相关的风险降至最低。通过专业的解决方案和零前期投资，高校可以使用高性能资源。可扩展性是云计算的最大优势。

4. 流动性

云计算允许通过各种终端设备如智能手机、PC电脑、笔记本电脑等对数据进行移动访问，可轻松存储、检索、恢复或处理云中的资源。只要保持与互联网的连接，高校用户就可以通过他们选择的任何设备，随时随地通过互联网访问云计算服务。

5. 灾难恢复

数据丢失与数据安全是所有单位的重要关注点，而云计算架构可以帮助高校预防数据损失。如果高校依靠传统的本地方法，则所有数据都将存储在本地服务器上。尽管尽了最大努力，本地服务器仍可能由于各种原因（恶意软件、病毒、硬件损坏、用户错误）而发生故障，这将带来灾难性的后果。而云计算可以有效防止此类故障的发生，即便发生，也可以通过技术手段恢复数据。

4.1.3　区块链

区块链（Blockchain）是一种分布式基础架构与计算方式，用于保证数据传输和访问安全。区块链是一种以密码学技术为基础，以去中心化的方式，对大量数据进行组织和维护的数据结构，可以理解成一个分布式的账本或数据库。人们把一段时间内的信息如数据或代码打包成区块，盖上时间戳，与上一个区块衔接在一起，每下一个区块的页首都包含了上一个区块的索引，然后再在页中写入新的信息，从而形成新的区块，首尾相连，最终形成了区块链。区块链在金融、物联网和物流、公共服务、数字版权、保险、公益、司法等领域有广泛的应用，主要解决了信任与安全问题。

4.1.4　人工智能

人工智能（Artificial Intelligence）是一个以计算机科学为基础，由计算机、心理学、哲学等多学科交叉融合的交叉学科、新兴学科，研究、开发用于模拟、延伸和扩展人的智能的理论、方法、技术及应用系统的一门新的技术科学，企图了解智能的实质，并生产出一种新的能以人类智能相似的方式做出反应的智能机器，该领域的研究包括机器人、语言识别、图像识别、自然语言处理和专家系统等。

随着科技的不断进步和人工智能的快速发展，人工智能正逐渐渗透到各个行业中，而智慧水务领域正是人工智能技术得到广泛应用的领域之一。传统的市政水务依赖于人工经验和专业知识，容易受到主观因素的干扰而出现误差，同时由于传统的科学计算并行度低等原因，存在海量问题算力消耗较大、计算时间较长等问题。通过利用人工智能技术，智慧水务系统可以提供精准的水资源管理、提高供水效率、判断管网漏损并优化治理等功能。通过对供水系统的实时监测，人工智能可以根据需求和水源状况智能调整管网中的水流量和压力，实现供需平衡从而提高供水效率和节约水资源。同时，人工智能可以通过机器学习，不断完善和优化漏损分析模型，从而更加及时更加精准地发现管网漏损。

4.1.5　物联网

物联网（Internet of Things，IoT）是指通过各种信息传感器、射频识别技术、全球定位系统、红外感应器、激光扫描器等各种装置与技术，实时采集任何需要监控、连接、互动的物体或过程，采集其声、光、热、电、力学、化学、生物、位置等各种需要的信息，通过各类可能的网络接入，实现物与物、物与人的泛在连接，实现对物品和过程的智能化感知、识别和管理。物联网是一个基于互联网、传统电信网等的信息承载体，让所有能够被独立寻址的普通物理对象形成互联互通的网络。

物联网作为我国战略性新兴产业的重要组成部分，在社会生产各领域中应用，赋予传统生产方式绿色、智能、高效的转变。在节水实践中，物联网扮演着越来越重要的角色，成为数字节水技术从传统方式走向智能化的关键。

1. 物联网的体系结构

物联网的体系结构可分为感知层、网络层和应用层三个主要层次（图4-1）。

感知层位于物联网三层结构中的最底层，其功能为"感知"，即通过传感网络获取环境信息。感知层是物联网的核心，是信息采集的关键部分。感知层能解决人类世界和物理世界的数据获取问题，完成对"物"的感知，是物联网的功能在具体实现过程中的"触角"。感知层由各类传感器和传感器网关构成，包括基本的感应器（如RFID标签和

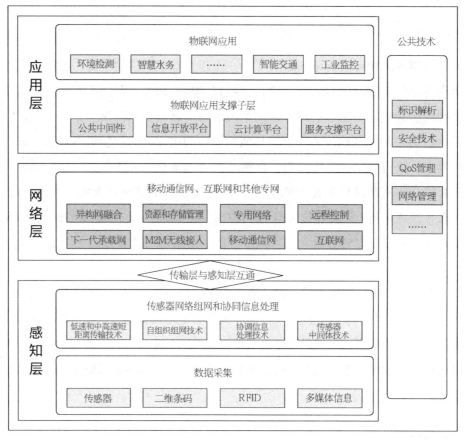

※图4-1　物联网体系结构

读写器、传感器、摄像头等），以及由感应器件组成的网络，其主要任务是完成信息的采集和预处理。作为物联网最基本的一层，它是物联网发展和应用的基础，具有物联网全面感知的核心能力。

网络层也被称为传输层，将感知层所获得的数据在一定范围内完成接入和传输，是进行信息交换和传递的数据通路。网络层作为纽带连接着感知层和应用层，它由各种私有网络、互联网、有线和无线通信网等组成，负责将感知层获取的信息，安全可靠地传输到应用层，然后根据不同的应用需求进行信息处理。物联网网络层包含接入网和传输网，分别实现接入功能和传输功能。网络层综合已有的全部网络形式来构建更加广泛的"互联"。每种网络都有自己的特点和应用场景，互相组合才能发挥出最大的作用，因此在实际应用中，信息往往经由任何一种网络或几种网络组合的形式进行传输。

应用层位于物联网三层结构中的最顶层，是物联网发展的驱动力，其最终目的是更好地利用感知和传输的信息。应用层的主要功能是智能化地对感知和传输的信息进行分析处理，做出决策，实现智能化管理、应用和服务，并通过各种设备与人进行交互，解决信息处理和人机交互的问题。应用层按形态可分为两个子层：管理服务层和行业应用层。管理服务层对数据进行处理和存储，实现不同行业、应用、系统之间信息的协同、互通和共享；行业应用层则根据各行业的特点提供人机交互界面，辅助行业从业人员和管理者进行操作和控制，为用户提供海量的物联网应用。

2. 物联网传感器技术

传感器技术集合了微电子学、光学、声学、仿生学、材料科学等众多学科，以及测量、计算机、半导体、信息处理等技术，广泛应用于航天航空、国防科研、信息产业等领域，已经渗透到人类活动的各个领域。

经过数十年的沿袭和革新，现代传感器技术总体上经历了三代沿革。第一代传感器是结构型传感器，利用结构参量的变化来接收和转化信号。第二代传感器是固态传感器，由电介质、半导体和磁性材料等固态元件构成，这些材料具有霍尔效应、热电效应、光敏效应等特性，可使这类传感器实现检测功能。第三代传感器是智能传感器，是微型计算机技术与检测技术相结合的产物，比第二代传感器增加了对外界信息的自我诊断、数据处理及自适应功能。

无线传感器网络（Wireless Sensor Networks，WSN）是一种分布式传感器网络，它的末梢是可以感知和检查外部世界的传感器，是一种通过无线通信的方式来获取信息的新型信息获取方式。

无线传感器网络结构如图4-2所示。

传感器模块是通过监测物理、化学、空间、时间和生物等非电量参数信息，并将监

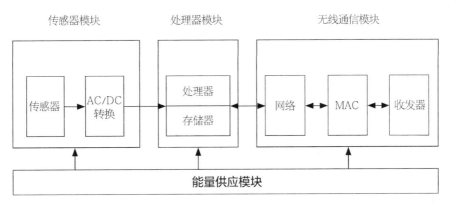

※图4-2　无线传感器网络结构示意图

测结果按照一定规律转化为电信号或其他所需信号的单元。它主要负责对物理世界参数信息进行采集和数据转换。处理器模块主要用于实现决策信息对环境的反馈控制，是传感器的核心单元，它通过运行各种程序处理感知数据，利用指令设定发送数据给通信单元，并依据收到的数据传递给执行器来执行指令动作。存储单元主要实现对数据以及代码的存储功能。无线通信模块主要实现各节点数据的交换，主要有射频、大气光通信和

超声波等。能量供应模块主要为传感网络各模块可靠运行提供能量，如电能。上述模块共同作用可实现物理世界的信息采集、传输和处理，为实现万物互联奠定了基础。

在高校数字节水技术应用场景中，用到的智能远传传感器主要有：智能远传水表、智能远传压力计、智能远传液位计、噪声记录仪等。

3. 物联网网络层

网络层是位于物联网三层结构中第二层的信息处理系统，其功能为"传送信息"，即通过通信网络进行信息传输。作为通信技术最主要的一个分支，移动通信技术已发展到了第五代，即5G。同时，世界各国针对6G、量子通信等未来通信技术的战略性布局也已全面拉开帷幕。在供给侧和需求侧的双重推动下，5G、低功耗广域网等基础设施加速构建，数以万亿计的新设备将接入网络，带来了物联网的高速发展。

无线通信传输是实现万物互联的重要环节，其在传输速度及成本方面具有显著优势。物联网无线通信技术可分为近距离无线通信技术和远距离无线通信技术。近距离通信技术包括NFC、RFID、蓝牙、Wi-Fi、ZigBee等，远距离通信技术以4G、5G、LoRa、NB-IoT等为代表。

4. 物联网应用层

应用层是物联网运行的驱动力，提供服务是物联网建设的价值所在。应用层的核心功能在于站在更高的层次上管理、运用资源。感知层和传输层将收集到的物品参数信息，汇总在应用层进行统一分析、挖掘、决策，用于支撑跨行业、跨应用、跨系统之间的信息协同、控制、共享、互通，提升信息的综合利用度。应用层是对物联网的信息进行处理和应用，面向各类应用，实现信息的存储、数据的分析和挖掘、应用的决策等。

（1）应用层的软件体系结构

应用层常见软件系统体系结构有C/S、B/S。

C/S结构，即Client/Server结构，指的是客户端/服务器结构。服务器负责数据的管理，客户机负责完成与用户的交互任务。在C/S结构中，应用程序分为两部分：服务器部分和客户机部分。服务器部分是多个用户共享的信息与功能，执行后台服务；客户机部分为用户所专有，负责执行前台功能，在出错提示、在线帮助等方面都有强大的功能，并且可以在子程序间自由切换。

B/S结构，即Browser/Server结构，指的是浏览器/服务器结构。B/S结构是WEB（World Wide Web）兴起后的一种网络结构模式，WEB浏览器是客户端最主要的应用软件。这种模式统一了客户端，将系统功能实现的核心部分集中到服务器上，简化了系统的开发、维护和使用。客户机上只要安装一个浏览器（如Chrome、Safari、Microsoft Edge、Internet Explorer或QQ浏览器等）就可以使用应用系统的功能。因其访问的方便性，越来越多的应用系统都设计成B/S结构。

（2）SOA架构及其在高校数字节水中的应用

SOA (Service-Oriented Architecture) 架构是面向服务的架构，具体应用程序的功能是由一些松耦合并且具有统一接口定义方式的组件组合构建起来的，独立于实现服务的硬件平台、操作系统和编程语言。这使得构建在各种这样的系统中的服务可以一种统一和通用的方式进行交互。SOA架构基于技术和标准，着眼于日常的业务应用，并将它们划分为单独的业务功能和流程。SOA将应用程序的不同功能单元，通过服务之间定义的接口和契约联系起来。

高校数字节水的物联网应用层建设，可采用SOA架构及其相关技术进行规划、设计、开发、集成和运行。根据高校数字节水相关技术发展的情况，综合考虑高校节水管理发展趋势，可采用SOA架构建立一个包括应用支撑、数据采集、数据交换、调度监测集成、数据中心的高校数字节水监测系统。

（3）应用层常见应用领域

物联网应用层的广泛应用覆盖了各个生产和生活领域，如智能家居、智慧医疗、工业物联网、农业物联网、物流和供应链管理、智慧城市、智慧水务等，它在连接万物的智慧纽带作用下，实现了许多令人瞩目的创新和进步。

其中，在智慧水务领域中，对海量的传感器数据进行及时分析与处理，通过对各类关键数据的实时监视和智能分析，再提供分类、分级预警，同时给予相应的处理结果及辅助决策建议，以更加精细和动态的方式管理水务运营系统的整个生产、供水（包含管道漏损和异常用水监测）、管理、排水和服务流程，使之更加数字化、智能化、规范化，从而实现"智慧"节水。

4.2　数字技术赋能节水

数字技术给节水技术的发展带来了深刻的影响。节水技术中的漏损治理技术已经从理论走向实践，从传统方式走向智能化方式，这与数字技术的发展息息相关。在节水技术实践中长期以来存在着计量困难、数据采集困难、数据采集不同步、无法实时监测分析等问题，随着数字技术的发展，尤其是传感器技术和通信技术的发展，上述问题迎刃而解，而物联网应用层相关技术的发展又促使节水技术逐步走向了智能化。

4.2.1　传感器技术赋能数字节水

传感器是物联网的中枢神经，可以将物联网感知层采集的信息以电信号等形式进行有效地传递，以满足信息传输、存储、显示、控制和记录等需求。传感器具有网络化、微型化、系统化、数字智能化等特点，可以自动采集和控制数据。

传感器技术给数字节水提供了监测数据来源。智能远传流量计、智能远传水表、智能远传压力计、智能远传液位计、智能远传噪声记录仪等是数字节水技术在物联网感知层部署的主要传感器，可为物联网应用采集分钟级甚至秒级的数据，而这些数据的准确性、及时性、稳定性直接影响漏损监测效果。

1. 智能远传流量计

流量计是指示被测流量和（或）在选定的时间间隔内流体总量的仪表，即用于测量管道或明渠中流体流量的一种仪表（图4-3）。流量计分为差压式流量计、转子流量计、节流式流量计、细缝流量计、容积流量计、电磁流量计、超声波流量计等。

测量管内无阻流及活动部件，不会造成额外的能量损失和堵塞，节能效果显著

接触被测介质的只有衬里和电极，选用的衬里和电极材料，具有良好的耐腐蚀性和耐磨损性

安装要求低。前直管段5D，后直管段为2D（D为所选仪表的内直径）

测量精确度不受流体密度、黏度、温度、压力的影响，双向测量

转换器具有良好的互换性，不必重新进行实流标定就可达到测量精度

采用NB-IoT无线传输技术：低功耗、广覆盖、高安全性、高可靠性、海量链接

※图4-3　智能远传流量计

智能远传流量计是指加装了RTU（Remote Terminal Unit）和DTU（Data Transfer Unit）模块的流量计。RTU模块指远程终端单元，用于对现场信号、传感器设备的监测和控制。DTU模块指数据传输单元，通过无线通信网络进行数据传送。

在高校节水应用场景中，智能远传流量计一般使用基于NB-IoT通信技术的智能远传电磁流量计。智能远传电磁流量计具有测量精度高、可靠性高、稳定性好、使用寿命长等特点。

在进行智能远传电磁流量计选型时，需结合实际情况综合考虑的内容包括：直径、材质、计量精度、供电方式、通信方式、防水等级、工作环境温度等。

2. 智能远传水表

水表，是测量水流量的仪表，大多是水的累计流量测量，一般分为容积式水表和速度式水表两类。智能远传水表是指加装了RTU和DTU模块的水表。水表按公称直径分类可分为大口径水表和小口径水表。公称直径50mm以上的水表称为大口径水表，公称直

径50mm及以下的水表通常称为小口径水表。

（1）智能远传大口径水表

在高校数字节水应用场景中，智能远传大口径水表（图4-4）一般用于主干网的水量计量，使用NB-IoT通信技术，电池供电，采用全流量监测，被测水流为轴向水流，低进高出，测量精度高，尤其在低流量下，精度高于其他类型水表，非常适用于流量变化较大场合的用水计量。

※图4-4　智能远传大口径水表

进行智能远传大口径水表选型时，需结合实际情况综合考虑的内容包括：水表流动剖面敏感度等级、安装前后直管段要求、计量精度、压力等级、量程比、直径、材质、供电方式、通信方式、防水等级、工作环境温度等。

（2）智能远传小口径水表

智能远传小口径水表（图4-5）一般用于高校教学楼、宿舍楼等内部（如单个楼层或单间宿舍）用水单元的用水计量，使用NB-IoT通信技术，电池供电。

在进行智能远传小口径水表选型时，需结合实际情况综合考虑的内容包括：计量精度、直径、材质、供电方式、通信方式、防水等级、工作环境温度等。

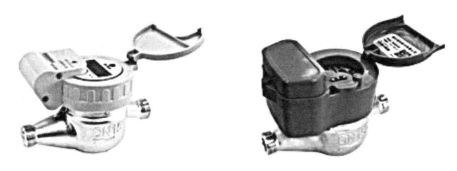

※图4-5　智能远传小口径水表

3. 智能远传压力计

压力计是用来测量流体压力的仪器。通常都是将被测压力与某个参考压力（如大气压力或其他给定压力）进行比较，因而测得的是相对压力或压力差。智能远传压力计在传统的压力传感器上加装了RTU和DTU模块，可定期将监测的压力数据上传到远程服务器上（图4-6）。

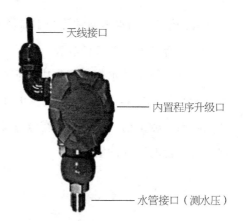

天线接口

内置程序升级口

水管接口（测水压）

※图4-6　智能远传压力计

智能远传压力计主要安装在供水管道和消防管道上，用来监测管道的压力情况，可在被监测的管道压力发生跳变时，及时发出预警信息。管道压力快速下降，很可能是由于管道发生破损，水流外泄导致的。因此，收到压力预警时，应立即组织人员进行排查，及时发现漏损，可减少大量的水量损失。同时，对消防管道进行压力监测也是确保消防水压满足要求的有效技术手段。

智能远传压力计选型需考虑的内容包括：通信方式、水压监测范围、水压监测精度、供电方式、工作环境温度、工作环境湿度等。

4. 智能远传液位计

智能远传液位计是一种基于NB-IoT无线通信技术的智能高精密液位仪表，主要用于市政、水务、江、河、湖泊及道路检查井内的液

※图4-7　智能远传液位计

位检测，通过无线通信网络，将采集的液位数据等信息上传至云端数据库（图4-7）。智能远传液位计需要满足恶劣应用环境和IP68的要求，既要达到工业级设备的性能与功能要求，又要能有效适应在野外、偏远地区及环境恶劣的检查井内使用。

在高校节水应用场景中，智能远传液位计主要用于监测校园内各类水池的水位情况，一方面保证水池水位达到设计水位以满足用水需求，另一方面又可排除因水池补水产生的疑似管道漏损的误报。

智能远传液位计选型需考虑的内容包括：测量范围、测量误差、极限耐压值、防水等级、通信方式、工作环境温度、工作环境湿度、工作环境压力等。

5. 智能远传噪声记录仪

智能远传噪声记录仪是指具备数据远传功能的、用来记录管道噪声并分析噪声性质

（泄漏、无泄漏、可能泄漏）的设备（图4-8）。由于带压流体在漏点处产生泄漏噪声，因此可在管道、阀门、消火栓、水表上采集到这种声信号。噪声源与噪声采集点的距离越短，收到的信号越清晰越强烈。噪声记录仪大幅度缩短了定位漏点的时间。在夜间，噪声记录仪测量并分析噪声，每隔几秒进行数据存储并无线传输。应用系统软件可以获得数据，显示测量结果，并指示精确定位漏点。

※图4-8 智能远传噪声记录仪

智能远传噪声记录仪选型需考虑的内容包括：检测原理、安装方式、通信方式、供电方式、数据存储容量、工作环境温度等。

4.2.2 通信技术赋能数字节水

传感器技术解决了水量、压力等数据的采集问题。如何将这些数据传输给远程计算机系统进行处理，则是通信技术需要解决的问题。

1. 数字节水技术中常用的通信技术

（1）4G通信技术

4G通信技术，即第四代移动通信技术（4th Generation Mobile Communication Technology，简称4G），可以在一定程度上实现数据、音频、视频的快速传输。4G移动通信技术具有诸多优势，一是4G移动通信技术的数据传输速率较快，可以达到100Mbit/s；二是4G通信技术具有较强的抗干扰能力，可以利用正交分频多任务技术，进行多种增值服务，防止信号对其造成的干扰；三是4G通信技术的覆盖能力较强。

4G物联网卡是一种基于4G网络制式的物联网专用卡。它为物联网设备提供了数据连接和通信能力，支持高速的移动互联网连接。4G物联网卡支持LTE（Long-Term Evolution）网络技术，提供了更快的数据传输速度和更低的延迟。通过4G物联网卡，物联网设备可以实现快速、稳定的数据连接，满足各种物联网应用的需求。4G物联网卡适用于各种物联网应用场景，如智能家居、智能交通、工业自动化和农业监测等。

（2）5G通信技术

5G通信技术，即第五代移动通信技术（5th Generation Mobile Communication Technology，简称5G），是具有高速率、低时延和大连接等特点的新一代宽带移动通信技术。5G通信设施是实现人机物互联的网络基础设施。5G作为一种新型移动通信网络，不仅要解决人与人通信，为用户提供增强现实、虚拟现实、超高清（3D）视频等更加身临其境的极致业务体验，更要解决人与物、物与物通信问题，满足移动医疗、车联网、智能家居、工业控制、环境监测等物联网应用需求。5G必将渗透到经济社会的各行业各领域，成为支撑经济社会数字化、网络化、智能化转型的关键新型通信技术。

5G物联网卡是一种基于5G网络制式的物联网专用卡，可以提供高速、低时延的物联网连接服务。与传统的物联网卡相比，5G物联网卡具有更高的网络速率、更低的延迟和更大的带宽，可以更好地支持物联网应用中对网络连接的要求。

（3）LoRa

LoRa是美国Semtech公司采用和推广的一种基于扩频技术的超远距离无线传输方案。这一方案改变了以往关于传输距离与功耗的折中考虑方式，为用户提供一种简单的能实现远距离、长电池寿命、大容量的系统，进而扩展传感网络。LoRa主要在全球免费频段运行，包括433MHz、868MHz、915MHz等。LoRa技术具有远距离、低功耗（电池寿命长）、多节点、低成本的特点。LoRa网络主要由终端（可内置LoRa模块）、网关（或称基站）、Server和云四部分组成。应用数据可双向传输。

LoRa可以根据应用需要，规划和部署网络，根据现场环境针对性放置基站/网关，更容易做到无缝覆盖，而改善覆盖质量还可以降低功耗，提高系统容量，个人、企业或机构均可部署，并且可以满足安全需求，数据也可私有。

（4）NB-IoT

NB-IoT全称为Narrow Band-Internet of Things，窄带物联网。NB-IoT属于物联网范畴的一种技术，已成为3GPP标准的LPWA技术。NB-IoT基于现有蜂窝网络的技术，可以通过升级现网来快速支持行业市场需求，成为GUL网络上的第四种模式。

NB-IoT聚焦于低功耗广覆盖（LPWA）物联网市场，是一种可在全球范围内广泛应用的新兴技术，具有覆盖广、连接多、速率低、成本低、功耗低、架构优等特点。NB-IoT使用授权频段，可采取带内、保护带或独立载波三种部署方式，与现有网络共存。

NB-IoT最常应用于智能水表、智能停车、宠物智能跟踪、智能自行车、智能烟雾检测器、智能垃圾桶、智能路灯等应用场景。尤其在智能水表应用方面，NB-IoT技术解决了传统智能水表远传信号差、功耗大、难以大规模部署等问题，为智慧水务的发展带来质的飞跃。

2. 通信技术促进数字节水技术发展

通信技术的发展促进了智慧水务的发展，尤其对数字节水技术的升级起到了至关重要的作用。以智能远传水表为例，采用不同的通信技术对智能远传水表的功耗、稳定性、建造成本和使用效果都有重大的影响，通信技术的发展直接促进了产品的更新换代。在3G/4G之前，受无线通信技术的制约，基本上无法实现带远传抄表功能的智能水表。当通信技术发展到3G/4G时，开始出现带远传抄表功能的水表，这类水表在安装时需要以有线方式将水表与集中器（集中器是远程集中抄表系统的中心管理设备和控制设备，具有定时读取终端数据、系统的命令传送、数据通信、网络管理、事件记录、数据的横向传输等功能）连接，由集中器进行水表数据采集，再通过3G/4G网络传输到服务器上。3G/4G通信技术在远程抄表的应用方面，由于终端设备的功耗相对比较大，因此设备无法使用电池供电，此外，由于3G/4G信号容易受到干扰，穿透力差，导致在很多场景下无法使用。另外，单个基站的3G/4G设备并发连接数十分有限，无法支持3G/4G智能水表的大规模部署，极大限制其在远程抄表的应用。

数字节水的建设需要安装部署大量的智能计量设备，由于3G/4G无法支撑大规模智能计量设备的通信需求，因此迫切需要一种低功耗无线通信技术。LoRa是一种基于扩频技术的远距离、低功耗无线传输技术，解决了功耗与传输难覆盖远距离的矛盾问题。一般情况下，低功耗则传输距离近，高功耗则传输距离远，通过开发出LoRa技术，能在相同功耗条件下较其他无线方式具有更远传播距离，实现了低功耗和远距离传播的统一。LoRa技术的出现，在一定程度上满足了智慧水务对通信技术的要求，但是LoRa的应用仍面临着两个重大的挑战：一是在城市级网络覆盖方面，LoRa没有运营商的建设支出，布网方面处于先天弱势，物联网项目建设单位使用LoRa技术自组网的成本比较大；二是在频谱资源方面，LoRa采用免费的非授权频段，可能存在干扰问题，尽管LoRa本身抗干扰能力强，LoRaWAN协议本身也有规避干扰的措施，但物理干扰难以完全避免，这将严重影响网络的稳定性。因此，在占地面积大的高校进行漏损治理，LoRa并非最佳选择。

2017年开始，智慧水务在我国逐渐兴起，这得益于一种全新的通信技术——NB-IoT的推出并商用。NB-IoT通信技术具有覆盖广、连接多、速率低、成本低、功耗低、架构优等特点。这些特点正好满足智能远传水表对传输数据带宽、信号强度、功耗、成本的要求，使得运用了NB-IoT通信技术的智能远传水表可以简单地进行安装，不再需要进行额外的网络布线，也无需考虑如何供电，并且做到了即装即用，实现了智能远传水表的大规模部署，为数字节水的漏损治理提供了海量的、准确的、及时的用水数据。

4.2.3 物联网应用层赋能数字节水

在数字节水的物联网应用中，感知层为漏损治理采集了大量的监测数据，网络层为这些数据提供了安全稳定的数据传输通道，而应用层则实现了对这些数据的加工、处理、分析和应用。

供水管网大部分埋在地下，受管网材质、地下环境、管网压力、管网老化等原因的影响，会出现漏损情况。由于管网大部分埋于地下，当管网漏损时，往往不易被发现，导致漏损点长期漏水，不仅造成大量水的浪费，而且由于漏水长期对地底的冲刷，很可能造成地底空洞，进而造成地质隐患。传统的节水技术主要是改造用水终端（如使用节水水龙头、小便器、淋浴喷头等）非常规水源水利用、中水回用、漏水管道修补等，这些节水技术可在一定程度上达到节水效果，但是无法主动发现供水管道漏损情况。这就需要通过数字节水技术，将智能远传水表、智能远传压力计的数据传输到物联网的应用层，利用大数据技术建立漏损分析模型，及时发现用水异常，发出管网漏损警报，靶向漏损区域，帮助用户及时找到并修复漏损点。

物联网应用层随着计算机科学与技术的进步而迅速发展，数字节水技术信息化与智能化水平也随之提高。在软件结构方面，节水技术应用软件从单机版本向C/S结构发展，进而又发展为B/S结构；在用户使用终端方面，从单一的台式机发展到现在的台式机、笔记本电脑、Pad、智能手机等终端设备，极大提高了漏损治理分析的便利性与及时性；在计算机信息技术方面，更是源源不断地加入了GIS、数字孪生等先进技术。

1. GIS技术及其在智慧水务中的应用

地理信息系统（Geographic Information System，GIS）是一门结合了地理学、地图学以及遥感和计算机科学的综合性学科。GIS是一种基于计算机解决空间问题的工具、方法和技术，它可以对空间信息进行分析和处理，把地图这种独特的视觉化效果和地理分析功能与一般的数据库操作集成在一起。

目前国内知名的GIS服务有百度地图、天地图、高德地图、腾讯地图等。这些GIS服务可广泛应用于城市规划、交通运输、农业、环境保护、公共卫生、旅游业、智慧水务等领域。同时，这些GIS服务也开放了二次开发平台，方便其他的应用系统在GIS服务的基础功能上叠加自己的个性化功能。以物联网应用层应用系统为例，可以在应用系统中引入GIS服务，在地图上标记物联网传感器安装的位置，也可以接入这些传感器监测的数据，使得系统用户可以清楚地了解物联网传感器的分布情况以及当前的监测数据。尤其在智慧水务领域，可以在GIS中加载供水管网、排水管网、消防管网，以及在这些管网上安装的智能水表情况，用户可以监测某个区域的用水情况，及时判断是否存在漏水的情况，从而及时发现漏水点，及时修复，达到节水目的。

如图4-9所示，该应用系统使用GIS技术显示了漏损治理区域的地图，并以不同的颜色显示各个二级分区，以及供水管网、分区计量水表在地图上的分布情况。

2. 数字孪生技术及其在数字节水中的应用

数字孪生（Digital twins）是充分利用物理模型、传感器更新、运行历史等数据，集成多学科、多物理量、多尺度、多概率的仿真过程，在虚拟空间中完成映射，从而反映相对应的实体装备的全生命周期过程。数字孪生是一种超越现实的概念，可以被

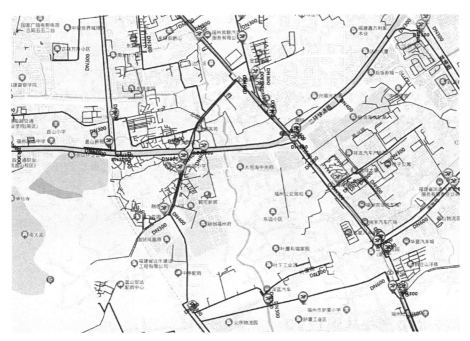

图4-9彩图

※图4-9　使用GIS技术叠加管网和智能水表信息的应用系统

注：图标 表示的是地图上该位置安装了分区水表。

视为一个或多个重要的、彼此依赖的装备系统的数字映射系统。

数字孪生系统具备以下特点：

（1）大规模的多源数据整合

数字孪生的一个重要特点是多源异构数据融合。在实际运行过程中，各个行业领域都会产生大量的基础数据，包括各种地图要素数据、监测视频数据、实时报文数据、BIM数据、传感数据、商业系统数据及各类数据库等。

（2）内核支持的高保真数据驱动模型

数字孪生系统通过数据驱动，实现物理实体对象与数字世界模型对象之间的全面映射。其中与之类似的内核级支持数据驱动模型，也是数字孪生可视化决策系统的核心功能，可以在虚拟环境实现全要素建模，1∶1还原真实物理场景。

将数字孪生技术应用于数字节水建设中，不仅可以帮助用户建立真实世界的数字孪生模型，而且可以在既有大量数据信息的基础上，建立一系列决策模型。

如图4-10所示，该应用系统搭建了校园的数字孪生模型，加入了管网信息和智能水表信息，智能水表监测的用水数据传输到服务器，经后台数据处理后，可实时反映在数字孪生系统上，实现可视化分析与决策支持。

图4-10彩图

※图4-10　可实时监测用水数据的高校数字孪生系统

注：**Ⅱ** 表示在此图标处安装了二级用水单元智能远传水表，**Ⅲ** 表示在此图标处安装了三级用水单元智能远传水表，**修** 表示在此图标处的管网进行过修复。

4.3　数字技术在高校节水的集成应用

利用数字技术构建高校供水用水的实时监测体系，是高校数字节水建设中的关键环节。通过在校园生活供水管网、消防主管网上部署安装智能远传水表、压力计等传感器，实现对全校供水管网的分区独立计量，实时监测各分区的用水情况与压力情况，主动报告漏水情况，靶向漏水区域，为管网修复人员赢得宝贵的抢修时间，及时修复管网，减少水量损失，从而达到显著的节水效果。

4.3.1　高校数字节水监测体系的网络拓扑图

高校数字节水监测体系的网络拓扑图是典型的物联网技术运用的网络拓扑图，由感知层、网络层和应用层组成（图4-11）。感知层部署了智能远传流量计、智能远传水表、智能远传液位计、智能远传压力计等智能传感器。智能传感器采用NB-IoT通信技术，休眠被唤醒后连接基站，通过NB-IoT核心网上传加密数据。智能传感器上传的数据传输到数据采集前置机，经解密、清洗、处理后存储到数据库服务器。用户可通过台式机、笔记本电脑、Pad、智能手机等终端设备访问应用服务器上的高校节水监测系统，高校节水监测系统根据用户的请求调用数据库的相关数据，经数据处理分析后，将用户期望的结果展现给用户。

4.3.2　高校数字节水监测体系的系统架构图

高校数字节水监测体系在系统架构上由数据采集、网络传输、数据中心、应用支撑、节水监测等组成（图4-12）。数据采集负责采集传感器的监测数据，通过网络传输

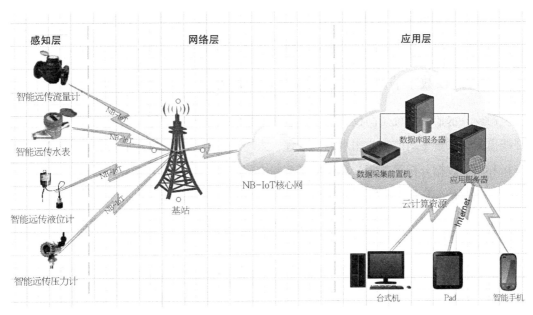

※图4-11　高校数字节水监测体系的网络拓扑图

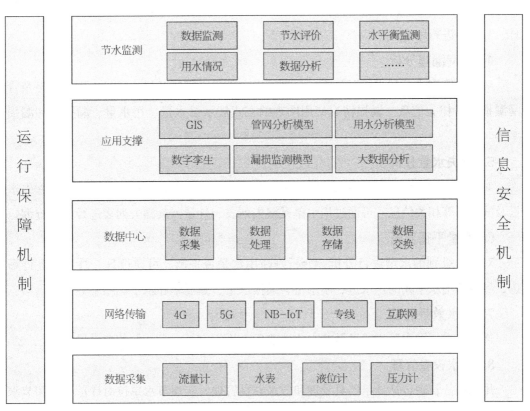

※图4-12　高校数字节水监测体系的系统架构图

进入数据中心。数据中心负责对数据定期处理、数据存储和数据交换。在应用支撑方面，高校节水监测系统主要用到了GIS技术、数字孪生技术、管网分析模型、用水分析模型、漏损监测模型、大数据等技术。高校节水监测系统提供了数据监测、节水评价、水平衡监测、用水情况、数据分析、设备管理等功能。

4.3.3　高校数字节水应用层软件的主要功能

高校节水监测系统是高校数字节水监测体系的物联网应用层，实现对高校用水实时在线监测、水量平衡监测、用水定额管理、人均用水量分析、管网漏损分析、漏失水量分析和用水数据分析等功能。高校数字节水应用层软件的主要功能如下。

1. 监测一张图

主要用于展示水量平衡监测、用水定额情况、用水情况、计量器具、管网漏损率等实时数据信息。

2. 用水定额分析

每月分析一次用水定额，对用水单元的用水量与用水定额标准的实际单耗对比评价，用水量小于实际单耗则为用水合理。用水定额对比可根据月份和用水评价进行筛选。

3. 人均用水量分析

对人均用水量进行分析，使用曲线图和柱状图展示人均用水量的变化情况。可通过日、月、年进行筛选。

4. 管网漏损分析

对供水管网进行漏损情况分析，分析得出内部供水管网的供水总量、用水总量及管网漏损率等相关信息。漏损情况使用图表的方式展示供水量、用水量、漏损量和漏损率等。

5. 漏失水量分析

对供水管网进行每日的漏失情况分析，分析出各用水单元的夜间最小流量、漏失水量及漏失率等相关信息。可通过用水单元漏失列表和计量器具漏失列表进行分类查询。

6. 水量平衡监测

对各个级别的水量进行分析，分析判断用水是否平衡。可通过日、月、年进行筛选，展示各用水单元的供水量、用水量、漏损水量、漏损率和水平衡结果等。

7. 节水效果展示

通过列表、图表等方式显示节水改造前后人均用水量，月、年的节水量信息。

8. 用水设备管理

用水设备管理包括计量器具管理和节水器具管理，实现节水单位对计量器具和节水器具进行日常管理。

9.　用水数据分析

通过列表和图表的方式统计节水单位时、日、月、年的用水量信息。

10.　漏损治理成果

通过列表、图表等方式显示管网漏损治理前后供水量的变化情况以及探漏水量情况。

11.　节水制度管理

通过节水制度管理功能发布节水政策、制度及标准，实现在线管理档案，使用者可直接下载阅读。

12.　管网GIS

通过GIS地图展现管网分布、计量器具、漏点维修记录等信息，可查看计量器具的详细用水情况和漏点维修记录的详细情况，包括维修时拍摄的图片或视频。

4.3.4　高校数字节水建设的基础条件

1.　校园物联网通信网络

在高校数字节水项目的可行性研究阶段，需要了解校园的物联网通信网络情况，并根据实际情况选择适宜的通信技术，以及对应网络通信技术的智能感知传感器，从而制定出综合考虑成本、性能和稳定性的最优方案。

高校校园面积普遍比较大，有线通信技术（如串口、以太网）和近距离无线通信技术的建设成本、工程实施难度都很大，无法满足校园节水工程物联网通信网络的要求。因此，在了解校园的物联网通信网络情况时，需要重点了解远距离通信技术的通信网络情况，如电信、移动、联通这三大运营商在校园区域内NB-IoT信号的覆盖情况以及信号强度。通过测试各家运营商的NB-IoT信号情况，评估校园是否具备物联网数据远距离无线传输的能力，最终确定运营商及物联网卡类型。这直接关系物联网技术应用的实施成本和智能感知传感器向远程服务器上报监测数据的及时性和稳定性。

2.　校园生活供水管网和消防管网图

高校数字节水的建设，需要清楚地了解校园的生活供水管网和消防管网分布情况，这是漏损治理工作能否顺利开展的决定性条件。

图4-13是某高校部分生活供水管网图，从图中可以了解供水管网分布情况和管道直径情况。根据管网图可以设计DMA方案，包括独立计量区域划分、计量器具选型、计量器具安装位置等。

图4-14是某高校部分消防管网图，从图中可以看到消防管网分布情况和管道直径情况，以及消防设施（如消防水池、消火栓）情况。根据消防管网图，可以设计压力计和计量器具的部署方案，实现有效地监测消防管网的压力、用水和漏损等情况。

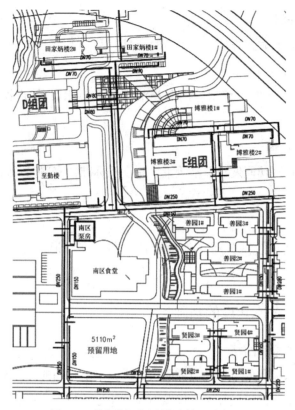

※图4-13　某高校部分生活供水管网图（CAD）

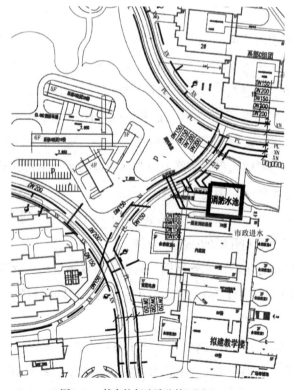

※图4-14　某高校部分消防管网图（CAD）

　　当供水管网和消防管网资料收集齐全后，需要结合GIS技术，将管网图导入高校节水监测系统中，在电子地图上给用户展现全校的矢量管网图（图4-15），方便用户对管网进行动态查看、巡检、探漏和维护。

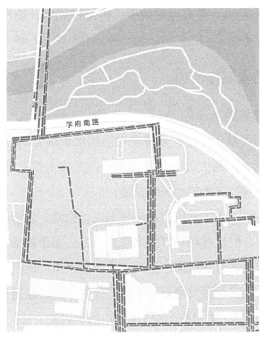

图4-15彩图

※图4-15　结合GIS技术的管网图

注：▬▬ 表示管网。

3. 服务器资源

　　高校节水监测系统在物联网应用层至少需要3台服务器，分别是数据采集前置机、数据库服务器和应用服务器。在准备服务器资源的时候，需要考虑带宽、机房环境、性能、安全性、稳定性和可维护性等关键问题。

　　带宽是指网络或线路理论上传输数据的最高速率。带宽太大，则造成资源浪费；带宽太小，则影响数据采集的效率和用户访问的体验性。因此，要根据校园部署的物联网传感器的数量以及监测数据上报的频率、访问用户的数量进行带宽配置的评估。

　　机房环境是指服务器、交换机、路由器、存储、UPS、机柜、网络等IT基础设备放置的环境。机房环境应满足包括温度、湿度、空气质量、电力供应、防火安全、安全保护、噪声控制等具体要求，并需要配备应急预案。

　　服务器性能主要从CPU、内存、存储方面考虑，根据数据量、安装的应用程序及用户访问量等预估配置情况。此外，服务器的安全性、稳定性和可维护性也需要重点考虑。

随着云计算技术的发展和普及，高校节水监测系统所需的服务器资源可以选择采用云资源。云资源因具有灵活性强、效率高、可扩展性好、安全性高、协作性强和成本低等优点而得到越来越多企事业单位的认可。云服务器（Elastic Compute Service，ECS）是一种简单高效、安全可靠、处理能力可弹性伸缩的计算服务，可帮助用户快速构建更稳定、安全的应用，提升运维效率，降低IT成本，使用户更专注于核心业务创新。

4.3.5　高校数字节水漏损治理

1. 设计DMA分区方案

依据供水管网总图，对生活给水系统和消防给水系统分别进行DMA分区管理，是控制学校地下供水管网水量漏失的有效方法之一。在供水管网总图进行DMA分区，用于指导智能远传流量计或智能远传水表的安装。

传统的管网漏损控制工作主要依靠声波技术进行检漏，该方法在过去很长一段时间内都发挥了显著的作用。但从过程和方式来看，该方法属于被动式漏损控制，无法及时发现漏水点，因而易造成长时间泄漏，进而造成大量水损。同时，随着供水管网的不断扩大，人工检漏的盲目性问题愈发明显，不仅工作效率低，还造成了大量人力和物力的浪费。在此应用需求背景下，DMA分区管理方法的引入使上述问题迎刃而解。

DMA分区管理有以下优势：

（1）为区域内的供水管网改造和计量器具维护更新、供水规划等提供参考。

（2）积极主动地实施检漏管理，及时发现漏点并进行漏点精确定位，便于快速修复，减少水量损失。

（3）有助于及时发现爆管、漏失等事故问题。

（4）有针对性地进行压力管理提升供水服务水平，同时通过控制一个或是一组DMA的水压，使管网在最优的压力状态下运行，减少管网漏损的可能性。

（5）有针对性地进行资产的更新和维修，同时使更新维护具有程序化和计划性。

2. 安装部署智能远传计量器具

（1）安装总表

在高校校区的市政总表后分别加装智能远传流量计，水量数据通过NB-IoT技术传输至高校节水监测系统，及时掌握学校全天24小时的用水数据，了解学校用水总量，可进行节水效果比对和分析，图4-16为某高校生活区计量器具安装示意图。

（2）安装分区表

根据管网总图的DMA分区，办理相关手续后，破土开挖建阀门井、水表井，安装阀门和智能远传流量计，将水量数据通过NB-IoT技术传输至高校节水监测系统，用于

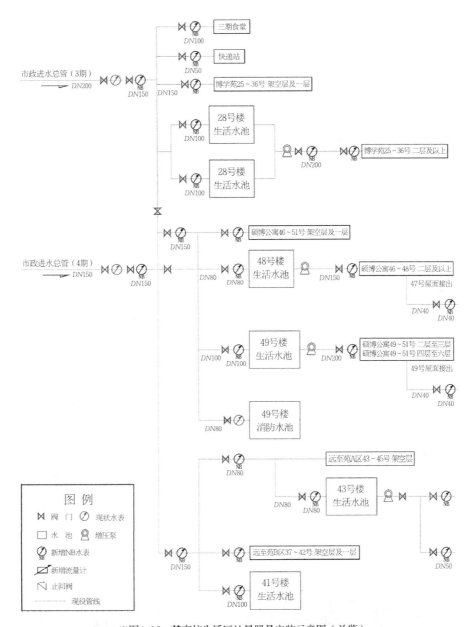

※图4-16 某高校生活区计量器具安装示意图（总览）

及时掌握进、出每个DMA分区的水量情况，便于在线分析该分区的水平衡情况，发现管网漏损，圈定漏损区域。

（3）安装楼栋表

在教学区和宿舍楼的进楼供水管处安装智能远传水表，如图4-17所示，采用二次供水的，在水池进、出水处安装智能远传水表，水量数据通过NB-IoT技术传输至高校节水监测系统，利于分析教学区或宿舍楼内的供水管网运行情况和楼栋的用水情况，同时可快速发现漏损点所在楼栋，实现精确节水。

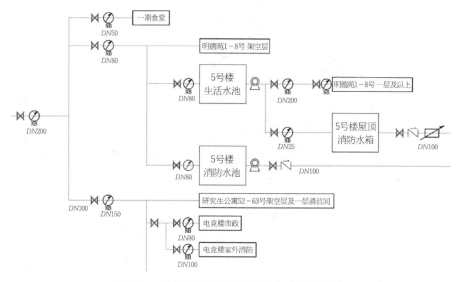

※图4-17　某高校生活区计量器具安装示意图（局部）

（4）主要用水功能区水表安装

对食堂、绿化、洗车、中央空调补水等主要用水功能区加装智能远传水表，可分析管网漏损、食堂的人均用水定额、洗车的用水定额、中央空调补水率等，挖掘节水潜力。

3. 靶向漏损区域

在高校节水监测系统（图4-18）中设置已安装的智能远传流量计、智能远传水表、智能远传液位计、智能远传压力计等设备的基础信息，设置完成后，相关设备的数据即可自动上传至高校节水监测系统，系统及时处理分析已接收的监测数据，并发出数据异常告警，第一时间实现管网漏损分析与定位。

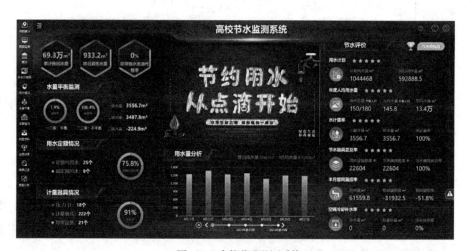

图4-18彩图

※图4-18　高校节水监测系统

（1）漏损告警

高校节水监测系统可对各区域的用水特性进行设定，依据系统正常运行一段时间和所在区域的用水设备、人数、用水特性等设置一个正常的用水基准值，将基准值当作阈值，当监测数据高于阈值时，系统将进行告警提示（图4-19），有助于管理人员及时对该区域的用水异常进行分析和排查。

通过查看详情，可以得到疑似漏损区域列表（图4-20），便于漏损治理人员有针对性地进行漏损区域初判。

（2）异常用水分析

当系统发出漏损告警时，漏损治理人员需要对告警信息进行分析，确认是否真实存在漏损、漏损区域和漏损严重程度等。如图4-21所示，漏损治理人员可以使用系统提供的异常用水分析功能，从多个角度进行分析，清楚了解掌握漏损情况。

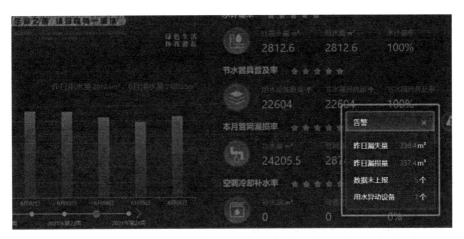

※图4-19　漏损告警

用水节点	用水量(m³)	漏失水量(m³)	漏失率(%)
南区一生活市政用水	222.5	216	97
A逸夫楼4~6层	333.6	280.2	83.9
坛埔山出水总表（西）	1919.164	1529.148	79.6
博学7号教学楼	777.3	603.6	77.6
南区二分区	4634.974	3342.258	72.1
新南大门门卫	2267.6	1628.4	71.8
村庄市政	1091.5	765.6	70.1
实训中心2号4~6层	482.1	337.898	70
工程实训中心	665.8	419.4	62.9
南区一室内消防水池	465.4	286.8	61.6

※图4-20　疑似漏损区域列表

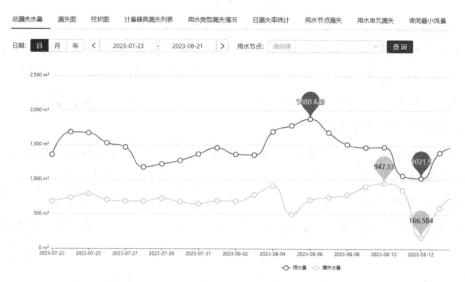

※图4-21　用水量曲线

（3）最小夜间流量分析

运用最小夜间流量分析DMA小区的漏损水平，是国内外供水企业常用的一种技术手段。最小夜间流量法的原理简述如下：在凌晨2：00~4：00时，DMA小区内的用户用水量最少，此时小区内的进水量接近漏损量。根据各类用户夜间用水量参数，可估算出区域内夜间用户用水量，用区域的进水量减去夜间用户用水量即可得到夜间漏损量。高校节水监测系统可判断此区间的漏水损耗情况及漏损的严重程度，便于漏损治理人员根据漏损严重程度合理安排后续的漏损定位与修复工作。

如图4-22所示，系统自动统计夜间最小流量的用水区域。进一步查看详细信息，可以显示24小时夜间最小流量异常数据曲线图，如图4-23所示。

该监测区域在凌晨2：00~4：00的时段里，监测的最小水量为0.2m³/h。此时，要结合该区域内的用水户情况，进一步分析判断，才能确定是否真实存在漏损。

（4）历史数据比对

高校节水监测系统可叠加前一天学校各时段，最近7天各时段，或不同月份间各时段的流量曲线进行对比分析（图4-24），结合该区域的夜间用户用水情况，一旦有波

※图4-22　水计量器具夜间最小流量分析

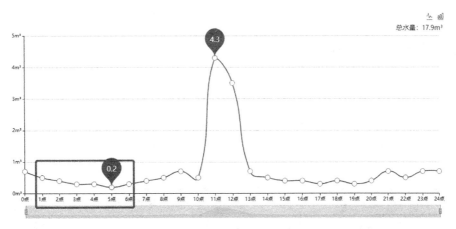

※图4-23　24小时夜间最小流量异常数据曲线图

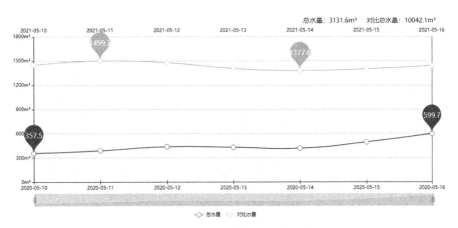

※图4-24　7天用水数据对比叠加曲线

动，通过流量、压力数据连续比对，进而判断该区域的漏损水平，并对漏损严重的区域进行重点管理修复，减少漏损。

4. 进场探漏

根据长期的实践观察和研究，漏水原因主要包括管道地基的下沉侧滑、管道的自然腐蚀老化、运行工况变化、外力破坏等原因。管道漏水的基本表现特征包括流量变化、压力变化、产生噪声和振动、漏点周围土壤湿度变化、漏点周围介质温度变化、漏点附近地下水化学性质变化、地貌环境变化、管道穿孔或破裂等。根据管道漏水的特征表现可采用区域装表法、听音法、声振法、红外法、示踪元素法、探地雷达法等技术对管道漏点进行检测。根据现场实际经验，采用较多的漏点定位方法为听音法。

在凌晨（例如2：00~4：00）时段，用水的人数很少，理论上用水量也就很小，此时对应的水量数据即可认为近似漏损量。考虑听音法适合在安静的夜间进行，因此探漏工程师白天可以在高校节水监测系统预警靶向的区域现场内，依据管网总图熟悉管网走向、材质、埋深等信息，而在凌晨时段进行探漏，并在疑似漏水具体区域做好标记，以便进行下一步精确定位。

5. 漏损点位开挖和修复

对疑似漏点区域破土开挖确认并修复前，需先向学校办理申请开挖和局部停水的手续，并将所采取的作业方式（机械开挖或人工开挖等）和停水范围、停水时段告知校方，待校方代表签字确认后再破土开挖，同时需准备好围挡和提示牌。根据漏损点实际情况，采用优质抢修配件或局部换管方式进行修复（图4-25）。

※图4-25　漏损点修复

应尽可能原样恢复，待施工完毕后需要清理现场以保持校园整洁和安全。

（1）开挖路面修复

针对开挖修复埋设于水泥路面或沥青路面底下的管道，修复完成后，按相应道路的地基要求回填土并还原路面。

（2）绿化植被恢复

针对埋设于绿化带下的管道开挖修复工程，需请专业园林绿化公司负责相应绿化植被的暂时转移和恢复。

（3）做好维修记录

修复工作结束后，做好维修记录，包括漏水点位置、漏损量、管径、管材、漏点发现时间和修复时间、探漏人员、修复人员或修复公司等基础信息，并及时将基础信息录

检漏单号：	GCXY-087	漏点监测时间：	2020-04-14
漏点预估漏量（t/h）：	1	检漏人员：	
漏损管网分类：	市政管网	用水节点：	北区
用水单元：		工作时长（时）：	
管径：	100	管材：	其他
上报状态：	已上报		
漏点地点：	位于和园6号楼消防管，暗漏，DN100		
漏点性质：	暗漏	漏点探明情况：	已探明
漏点描述：	位于和园6号楼消防管，暗漏，DN100		
备注：		登记人：	fjgcxy01
登记时间：	2020-04-15	经度：	119.188097741831
纬度：	26.0386840390726		

※图4-26 记录维修情况

入高校节水监测系统（图4-26），便于维修管理，同时存档纸质版维修记录。

6. 持续关注改进

管网漏损点修复好后，需对漏损点进行持续的关注，对漏点所在区域的用水情况、压力情况和历史维修情况进行分析（图4-27）。如果发现该区域管网压力在正常范围内，但是却反复出现管网漏损情况，说明管网已经严重老化，靠局部的漏点修复已经无法根治该区域的管网漏损，因此需要考虑其他可行有效方案，如管网改造等。

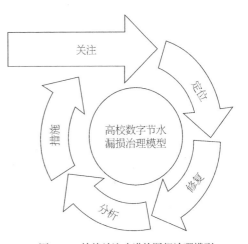

※图4-27 持续关注改进的漏损治理模型

4.3.6 高校数字节水技术应用成果

1. 福建理工大学

福建理工大学于2019年11月开始以"合同节水管理"的模式，对旗山校区进行高校节水工作，并于2020年8月完成了高校节水管理体系的建设。该校节水管理体系覆盖了输配管网节水、生活用水节水、食堂用水节水、绿化用水节水、消防用水管理、外供用水等涉水管理，不但使用了传统的节水技术（如采用节水型卫生洁具、加装节水阀、使用节水型洗菜/洗肉/洗碗机、采用喷灌/滴灌/渗灌灌溉方式、灰水回收、中水利用等），而且应用数字技术建立了漏损治理实时监测系统，可以在第一时间发现地下管网漏损和异常用水情况。

学校通过对供水管网和消防管网的梳理，进行了DMA分区管理，在学校南北两个校区的市政进水处、学生公寓、思源楼、厚德楼等教学楼以及食堂等楼前一共安装了

586台智能远传水表。这些智能远传水表计量并采集各用水点流量、压力等基础数据，以NB-IoT通信方式将数据上传到服务器进行数据处理和大数据分析，实现用水数据监测的实时化、在线化和智能化。通过实时远程监测学校用水量变化，能够及时发现管道漏损、水龙头长流水等异常用水情况，并向学校后勤管理处发出警报信息，有利于及时处理，防止跑、冒、滴、漏现象的发生。截至2022年底，共查出地下管网漏点400余处并进行修复，彻底消除严重漏水问题，年节水量超过90万m^3，节水成效显著。

2. 福州大学

福州大学旗山校区于2021年6月向社会公开招标福州大学旗山校区合同节水项目，学校用水包括教学区和生活区用水。教学区用水主要包括教学楼、学院楼、实验楼、实训楼、图书馆等生活用水，以及绿化、消防、新建建筑施工用水等。生活区用水主要包括学生宿舍、教工宿舍、食堂（餐厅）等生活用水，以及绿化、消防、新建建筑施工用水等。

2022年6月底完成校园节水管理体系建设，内容主要包括：供水管网探测及资料完善，建立DMA分区计量漏损监测模型，建立完整的一、二、三级用水计量体系，供水管网配套设施节水改造，部署高校节水监测系统，供水管网漏点定位及维修，消防管网恢复，用水终端节水改造和利用非常规水源等。

在数字技术的应用方面，建立了从物联网感知层到物联网应用层的端到端高校节水监测系统。在物联网感知层，该项目建立完整的一、二、三级用水计量体系，同时部署部分四级、五级计量水表，实现学校总取用水量、分区、分功能、分楼栋等用水的在线计量和分析统计。水计量设备选择NB-IoT智能远传流量计、智能远传水表、智能远传压力计，采集各用水点流量、压力等重要用水数据，通过远传通信模块传输至系统平台、手机终端APP等，实现用水数据实时化、在线化和智能化。全校共安装NB-IoT智能远传流量计17台，NB-IoT智能远传水表288台，NB-IoT智能远传压力计32台。在应用层，部署了高校节水监测系统，实现用水精细化管理。高校节水监测系统实现对校区用水实时在线监测，实现水量平衡监测、用水定额管理、人均用水量分析、管网漏损分析、漏失水量分析、用水数据分析等。通过漏损监测模型和高校节水监测系统的大数据分析，靶向漏损区域，分析漏损类别和漏损情况，综合运用漏点定位技术对校区生活和消防供水管网漏点进行高效精确定位和修复，保障校区供水安全，减少水资源漏损。

2022年7月至2023年6月，福州大学旗山校区在高校节水体系建成后的一年运维期间，累计定位、修复供水管网漏点200余处，年用水量为160万m^3，年度标准用水人数29199人，年度人均用水量54.80m^3/人，同比改造前基准值年度人均用水量降低了29.90m^3/人，项目节水成效显著。

3. 忻州师范学院

忻州师范学院坐落于山西省忻州市，是山西省省属全日制普通本科院校，主校区现有学生10000余人，教职工1200余人。校园内主要用水建筑共计16处，包括行政楼、化学楼、多媒体楼、艺术楼、美术楼、图书馆、综合楼A、综合楼B、篮球馆1～4号公寓、开水房、澡堂、公共厕所等。2018年1月，忻州师范学院启动主校区节水改造。在前期调研基础上，结合公共生活用水特点和学校实际情况，确定"供水管网改造+用水终端更换+用水监管平台搭建+节水宣传"改造模式。在数字技术的应用方面，忻州师范学院将用水终端节水技术和用水智能监管技术相结合，在主要取用水点安装远传水表，实现校区主要建筑用水远程监控全覆盖，构建节水系统的大数据网对用水情况实时监测，及时发现用水异常情况并及时进行处理。节水改造前学校教学生活年用水总量（不含家属区）约54.96万m³。节水改造后，年用水量降至36.49万m³，人均日用水量降至87.41L，年节约用水量达到18.47万m³，按水费3.5元/m³测算，每年节水费用约65万元，产生了良好的经济效益。

第 5 章

海绵校园雨水管控与利用

海绵校园是指将海绵城市和生态校园的建设理念引入校园，通过雨水管控和生态治理实现水资源的合理利用，并改善校园的生态环境。通过科学合理的规划、设计、施工和管理，可以实现雨水在校园中的自然净化和高效利用，为校园创造一个更加生态、健康、和谐的水环境。

在海绵校园中，以生态集雨、源头削减、控制洪涝、初期弃流及净化利用等方式，构建与校园环境、人工环境相容的新型雨水管控系统，可以有效管控校园雨水，并将收集起来的雨水进行处理利用。同时，通过将现有绿地、屋顶等改造成为下凹式绿地、植草沟、雨水花园、绿色屋顶等雨水治理设施，对雨水进行初步过滤净化，减轻地表径流污染，从源头对雨洪径流量进行削减、管控，改善校园的生态环境。校园内的景观水系，如天然水体、人工湖等，可以作为蓄洪设施，与上述雨水治理设施、校园内河或城市河道等相结合，形成一套较为完整的防洪排涝系统。因此，海绵校园的建设是对自然资源和生态资源的综合利用，可以缓解校园乃至城市在水资源管理、环境保护、城市安全等方面面临的困难，减少城市的用水量和排水量，提高城市发展的可持续性。

5.1　雨水管控与利用概述

雨水的有效管控需要通过一系列措施，对雨水进行收集、处理、储存和利用，以实现雨水资源的循环利用，同时减轻城市排水系统的负担。在雨水管控中，可以紧密结合已有水系水文条件，通过建设雨水花园、雨水湿地等绿化设施以降低雨水径流对城市排水系统的冲击。对于降雨量少而且不均匀的地区，可以考虑选择雨水间接利用方案，即将雨水简单处理后下渗或回灌地下，补充地下水。雨水管控作为一个综合性的工程，需要结合当地的气候条件、地形地貌、水资源状况等因素，因地制宜地进行综合考虑，达到水资源可持续利用和城市可持续发展的目的。

面对水资源短缺和水环境污染日益严重的问题，雨水管控与利用意义重大。一是有利于缓解水资源短缺。随着社会经济的发展和人口的增长，水资源的需求不断增加，而水资源的供应却受到自然条件和环境变化的限制。雨水回收可以将收集的雨水资源转化为可利用的水资源，弥补水资源的不足，满足生产和生活的需求。这对于缺水地区和干旱季节尤为重要。二是有利于减轻水环境污染。雨水冲刷过屋顶、路面等硬质表面后，会带来大量的污染物质，如重金属、有机物、悬浮物等。通过收集这些雨水，再将其经过适当处理以去除或者降低污染物质的浓度，再用于生活、生产和生态等领域，不仅可以节约水资源，还可以降低水环境污染，保护生态环境。三是有利于减轻城市排水系统压力。随着城市化进程的加快，城市不透水面积增加，导致雨水流失量增大。同时，城市排水系统的压力也相应增加，容易造成雨水洪涝等问题。雨水收集可以减轻排水系统的压力，降低水患风险，同时将收集的雨水用于城市绿化、道路浇洒等用途，提高水资源的利用效率。四是有利于促进可持续发展。随着人们环保意识的提高和可持续发展的要求，人们对水资源的保护和利用越来越重视。雨水回收可以减少对传统水源的依赖，有助于改善水循环，提高水资源的利用效率。

5.1.1　我国的降雨量与地表径流分布

1. 降雨分布特点

（1）时间分布特点

我国降雨具有显著的季节性分布不均的特点。季风气候使得降水呈现明显的季节变化，一般来说，降雨主要集中在夏季和秋季，而冬季和春季则相对较少。这种季节性分布不均的现象在北方地区尤为明显，导致了一些河流在冬季出现断流的情况。

我国降雨的年际变化也比较大。由于气候变化和自然因素的影响，不同年份之间的降雨量存在较大的差异。有的年份降雨较多，水资源相对丰富，有的年份则降雨较少，水资源相对短缺。这种年际变化也给水资源的利用和管理带来了挑战。例如东南沿海各省，雨季较早较长，降水量和径流量的年内、年际变化很大，并可能连续出现枯水年或丰水年。降水量最集中的为黄淮海平原的山前地区，汛期多以暴雨形式出现。降水量的年际变化，北方大于南方，黄河和松花江在近70年中出现过连续11～13年的枯水期，也出现过连续7～9年的丰水期。有的年份发生北旱南涝，有的年份又出现北涝南旱。

（2）空间分布特点

我国降雨总体上呈现出东南沿海向西北内陆逐渐减少的趋势。根据国家气候中心对2023年雨季的最新分析复盘结果，2023年汛期（5月～9月），全国平均降水量447.1mm，较常年（1991年～2020年）同期偏少4.3%；主汛期（6月～8月）全国平均降水量320.1mm，较常年同期偏少3.5%。受季风影响，中东部地区雨季的起止时间具有一定规律性，出现主要降雨的先后顺序一般为华南、江淮、东北、华北、华西，即雨带的“北进南退”，例如，2023年华南前汛期雨季长度为94天，总雨量616mm；西南雨季自6月10日至10月17日间，平均降水量为612mm；东北雨季长度76天，总雨量370mm；华北雨季长度24天，总雨量仅为156mm。

降雨具有明显的纬度差异，随着纬度升高，降水量逐渐减少。北纬30度是干旱带分界线，北纬30度以南地区受到太平洋季风和南海季风的影响，湿气较多，降水量较大，而北纬30度以北地区则受到干旱的地理环境和地形因素的影响，湿气较少，降水量较小。同时，降水也受到地形和山脉的影响，山脉对降水的分布起到重要的调节作用，山脉阻挡了水汽的传输，使山脉背风面的地区降水较少，而迎风面的地区降水较多，例如西南地区，由于横亘在其路径上的喜马拉雅山脉和青藏高原的阻挡，导致西南地区降水较多，雨水资源丰富。

2. 地表径流分布特点

我国地表径流的分布趋势与降水的分布基本一致，总体呈现由东南沿海向西北内陆递减的状况。

（1）时间分布特点

受到气候因素和人类活动的共同体影响，地表径流的时间分布特点主要表现为年内和年际变化大。

从年内变化来看，大部分地区的径流量主要集中在夏季，原因是夏季是主要雨季，降水量大，从而导致径流量也相应增加。相比之下，冬季的径流量则相对较少。

从年际变化来看，地表径流的年际变化也比较大，这主要是由气候因素如降水量的年际变化所导致的。在丰水年，径流量会相对较多，而在枯水年，径流量则会相对较少。这种年际变化的不稳定性给水资源的利用和管理带来了一定的挑战。

除此之外，地表径流的时间分布特点还受到社会生产的影响。例如，水利工程可以调节河流的流量和水位，从而影响径流量的时间分布。农业灌溉、城市化等人类活动也可能改变地表径流的时间分布特征。

（2）空间分布特点

受到气候、地形、地貌等因素的影响，地表径流的空间分布特点主要表现为南多北少，东多西少，分布不均。

南方地区降雨量较多，多山地丘陵，地形复杂，排水不畅，地表径流较为丰富。特别是在西南地区，由于地势高差大，水流落差大，加上山脉的阻挡和切割作用，形成了众多的大小河流和湖泊，地表径流分布较为密集。

北方地区气候较为干燥，降雨量较少，多为平原或盆地，地形平坦，排水通畅，因此地表径流相对较少。特别是在华北平原地区，由于地势平坦，水流落差小，加上水利工程、农业灌溉等影响，地表径流分布较为稀疏。

在东部沿海地区，由于海岸线较长，地势低洼，以及海洋潮汐的影响，地表径流也相对较多。而在西部内陆地区，由于地势高差大，加上气候干燥，地表径流分布较少。

除此之外，干旱和洪涝等极端气候事件，以及喀斯特地貌和黄土高原等地貌类型因素，均可能引起地表径流的变化。

总体而言，我国水资源在分布上具有时、空分布不均衡和水、土资源组合不平衡的显著特征，根据《中华人民共和国年鉴》，我国小麦、棉花的集中产区华北平原，耕地面积约占全国的40%，而水资源只占全国的6%左右。水、土资源配合欠佳的状况，进一步加剧了中国北方地区缺水的程度。

5.1.2　雨水径流的水质特点

雨水径流的水质取决于许多因素，包括空气质量、气候条件、土地利用方式和地形地貌等。城市雨水径流的水质受到城市环境和人类活动等多种因素的影响，可能因空气污染、工业排放等导致水质下降。降雨对大气污染物的淋洗及其对地表的冲刷，使得降雨径流污染成为城市面源污染的主要因子。

需要注意的是，降雨在初期形成的雨水，携带了降雨径流中的大部分污染物，如大气中的各种废气及建构筑物等表面的尘土、混杂其中的下垫面上的各种类型污染物、排放期间夹带的管道沉积物等，可能对河流、湖泊、海洋等水体环境造成更为严重的危害。大量研究表明，雨水径流存在明显初期冲刷规律，即一般情况下，降雨径流的初期污染物浓度最高，随着降雨时间的持续，雨水径流中的污染物浓度逐渐降低，最终维持在一个较低的浓度范围。

1. 城市雨水径流水质特点

（1）悬浮颗粒物含量较高

悬浮颗粒物不仅是城市不透水下垫面径流中的主要污染物之一，也是径流中大部分污染物质如COD（化学需氧量）、TN（总氮）、TP（总磷）、重金属、多环芳烃等的依附载体。悬浮颗粒物主要来源于空气污染、道路径流、屋面径流等，在雨水的降落过程中，空气中的灰尘以及城市道路和屋顶等硬质表面产生的颗粒物被雨水冲刷，进入径流。径流中的颗粒物组成受到天气状况、交通密度、工业状况、土地利用类型等多方面因素的影响。在产流过程中径流颗粒物的粒径分布在很大程度上取决于径流流速，而径流流速与降雨条件（降雨强度、降雨量和降雨历时）以及地形条件等关系密切。流速越大，径流携带颗粒物的平均粒径分布越大。相关研究显示，道路径流的污染程度甚至与道路清洁程度、道路雨水口垃圾的存积有关，雨水口处的垃圾存积乃至堵塞是城区水系非点源污染不可忽视的污染源之一。

（2）有机物含量较高

城市雨水中有机污染物的主要成分包括脂肪酸、蛋白质、糖类、酚类、烃类、苯并芘等，这些污染物主要来源于城市生活污水和工业废水、固体废弃物等。其中，脂肪酸和蛋白质是雨水径流中的主要有机污染物，主要来源于食品、燃料等废水的排放；糖类则主要来源于餐饮业和农业废水；酚类和烃类则主要来源于工业废水；而苯并芘则主要来源于工业和交通排放的废气。此外，挥发性有机污染物（VOC）主要来源于制药工业、印刷工业、石油化工、涂料、燃料燃烧、交通运输、汽车尾气等，种类主要包括芳香烃、有机氯代烃、溴代烃等，其中，道路机动车排放占交通移动源总排放量的80%以上。VOC广泛分布在大气、地表水、地下水以及土壤等多种环境介质中，在城市中产生的污染问题随着工业和交通运输的发展而日趋严重。VOC具有挥发性强、迁移能力强、持久性和生物累积性等特点，大多具有毒性和致癌作用，能损害心血管系统、内分泌系统和造血系统等，对人体和生态系统产生严重危害。

（3）重金属含量较高

常见的重金属污染物包括镉、锌、铅等，主要来源于工业排放、汽车尾气、垃圾焚烧等，可以随着雨水径流进入城市水体和土壤中。重金属污染会破坏水生生物的生存环境，影响饮用水的质量，如镉和铅等重金属会对水生生物产生毒性效应，导致生物死亡或生态系统的破坏。土壤中的重金属会影响土壤微生物的活性，破坏土壤的结构和肥力，导致农作物减产或品质下降。部分重金属甚至可以通过食物链的传递，进入人体内，最终对人体的健康产生危害。

2. 校园雨水径流的水质特点

相比于城市雨水，校园雨水径流的水质相对较好，水质波动较小。一方面是由于校园内的污染源较少，道路交通流量较低，几乎没有工业排放。相关调查研究显示，在部分高校的多个取样点测得的水质结果表明，除COD浓度较高外，校园道路雨水径流的pH、屋面雨水的悬浮固体等多项指标均能达到城市杂用水标准；氨氮和总磷等指标接近地表水环境V类水标准。另一方面，与校园中相对丰富的绿化区域和雨水收集系统等有关。绿化区域中的植被和土壤层可以过滤和吸附雨水中的污染物。当雨水流经绿地时，土壤和植被通过物理和化学作用，将雨水中的悬浮物、重金属、有机物等污染物吸附在表面或内部，从而净化雨水。绿化区域中的微生物和植物根系可以通过生物降解作用分解雨水中的有机污染物。微生物和植物根系利用有机污染物进行生长和繁殖，同时将其转化为无害的物质，从而降低雨水中有机污染物的含量。绿化区域具有良好的渗透性和储存能力，可以将雨水渗透到土壤中并加以储存。渗透和储存作用不仅可以减少地表径流的形成，还可以延长雨水在土壤中的停留时间，增加土壤对污染物的吸附和降解机会。绿化区域可以调节径流的流量和水温，减缓径流的速度，降低地表径流的流量。同时，绿地中的植被还可以吸收和储存太阳辐射，降低雨水的水温，减轻对下游水体的热污染。

5.1.3　雨水管控与利用

科学的雨水管控与利用可以减少对传统水源的消耗，减轻对水环境的破坏，同时也可以提高水资源的利用效率，降低用水成本。雨水管控主要涉及雨水收集、雨水处理、雨水储存，以及雨水再利用等几个方面。

1. 雨水收集

雨水收集是雨水处理、储存和利用的前提，先进的雨水收集系统可以做到雨水和污水分流、雨水的清浊分流，还能有效防止雨污混接的现象。根据雨水源不同，雨水收集系统大致可以分为屋面雨水收集系统和地面雨水收集系统。屋面雨水相对干净，杂质、泥沙及其他污染物少，可通过弃流和简单过滤后，直接排入蓄水系统进行处理后使用；而地面的雨水杂质多、污染源复杂，在弃流和粗略过滤后，宜在沉淀过后再排入蓄水系统。

校园屋面雨水径流量大，虽然初期径流污染较严重，但经初期弃流后水质良好，只需简单处理即可满足《城市污水再生利用　城市杂用水水质》GB/T 18920—2020，《建筑与小区雨水控制及利用工程技术规范》GB 50400—2016等城市生活杂用水和景观环境用水的水质标准。宿舍楼区、教学区、办公区等建筑屋面雨水，在经过初期弃流装置将初期径流排出后，可采用沉淀、过滤进行处理，工艺简便，成本较低，易操作且处理效果较好。如果校园采用雨污分流的排水体系，可增大雨水集水井的体积，建造地下雨水贮水池，贮水池兼具贮藏、调节、沉淀的作用。同时增加提升泵站将收集处理后的雨水用于楼宇前绿地浇灌和道路喷洒。

屋面雨水除了通过雨水管道直接收集利用外，还可以建立屋顶绿化系统，通过绿化系统净化雨水，用于建筑内冲厕、建筑周围绿地浇灌等杂用。屋顶绿化就是在建筑屋顶上覆土种植植物，形成屋顶庭院，充分开发屋顶空间，不仅有利于美化校园景观，降低初期雨水径流所造成的污染，而且有助于实现屋面雨水的综合利用。

高校校园道路雨水相对于城市道路雨水，污染物、油渍等物质较少，处理工艺流程较为简单。降雨后的地面水流集中向道路两边的雨水口汇集，汇集的雨水经过简单过滤拦截，除去道路上的树叶、烟头、悬浮固体等杂物，通过道路两侧的雨水管线流入到雨水贮水池。雨水贮水池宜建在地势较低的地方，便于雨水收集。贮水池中的雨水经过混凝、沉淀、过滤等处理工艺，通过泵站提升后便可实现回用。但是道路雨水同屋面雨水一样，初期汇集的雨水水质较差，为了收集到较好水质的径流雨水，应该采取初期雨水弃流设施，排除初期雨水。

2. 雨水处理

收集起来的雨水需要进行处理，去除其中的杂质和有害物质，使其达到可再利用的标准。雨水收集后的处理过程，与一般的水处理过程相似。经过科学合理的收集系统回收的雨水，水质较好，处理工艺相对简单。相关研究显示，雨水除了pH较低（平均在5.6左右）以外，最大的问题在于初期降雨所带入的收集面上存留的各类污染物种类多、浓度高，初期降雨形成的初期雨水的分流和处理是雨水管控的难点。初期雨水污染控制有多种方法，先进的弃流设施和针对性的处理措施是其关键。常用的是初期雨水弃流装置，包括容积法弃流池、切换式或小管弃流井、高效率弃流装置等，弃流后的污水进入城市污水管网，最终进入污水处理厂进行处理，剩余雨水则可以在处理并达到相关使用标准后被回用。

雨水的处理方法和装置的选择主要取决于集水方式、雨水取用目的与处理水质目标，根据雨水收集来源、雨水出路或利用途径、收集面积与雨水流量、建设计划相关条件，以及经济能力与管理维护等多方面因素，综合考虑采取的措施。可分为常规处理和非常规处理，常规处理主要采用自然净化和简单的物理化学净化工艺，如混凝、沉淀、过滤等，具有工艺简便、成本较低、易操作且处理效果较好等特点；非常规处理是采用一些处理效果明显但处理费用较高的工艺，如膜过滤、活性炭等技术，处理后的雨水可被回用于日常杂用水。

对于雨水水质较好的集水场所，考虑使用沉砂槽、滤网、过滤器等处理装置，采用集水→沉砂→粗滤→精滤→水泵提升→回用等流程，对于水质要求较高的环境用水，亦可以考虑在精滤和水泵提升之间加入消毒等措施。针对雨水水质较差，同时回用要求较高的场所，可以采用集水→沉砂→粗滤→混凝→沉淀→过滤→消毒→水泵提升→回用这一处理流程。

当然，在条件允许的情况下，雨水处理的最佳方式是利用自然界的动植物和微生物进行生态处理，收集后的雨水通过建立植草沟、下凹式绿地、生物塘等措施，利用自然净化技术进行净化，处理后的雨水可排入水体或用于补充地下水。

3. 雨水储存

未经处理或者经过适当处理的校园雨水，可以采用地下蓄水池、雨水收集桶、雨水花园、人工湿地、人工景观湖等方式进行存储。

地下蓄水池是可以将收集到的雨水储存于地下的设施，具有较大的储水能力，在设计和建设蓄水池时，需要考虑蓄水池的防渗性能和保护措施，确保储存的雨水不受污染和浪费。

雨水收集桶是一种简单、方便的雨水收集工具，通常由塑料等轻质材料制成，具有耐腐蚀、易清洗、使用寿命长等优点，可以用来收集和储存雨水。在校园中，可以将雨水收集桶放置在各个角落，待雨水引入桶中后，通过管道等工具将雨水用于灌溉植物、冲洗厕所等用途。使用雨水收集桶时，需要注意选择合适的地点放置雨水收集桶，如屋顶、阳台、花园等处，以尽量多地收集雨水，同时，需要对雨水桶进行固定，防止被风吹倒或人员碰撞导致意外发生。最后，雨水收集桶需要定期清洗，以保持卫生和清洁。

校园可以通过建设雨水花园来储存雨水。雨水花园中设置的雨水收集系统将雨水引入花园中，通过土壤和植物等介质对雨水进行净化处理，然后将其储存起来。储存的雨水可以用于灌溉植物、冲洗厕所等用途。

此外，小河流和景观湖等复合生态景观水系，可以直接存储雨水，方便抽取用于周边绿地灌溉或道路清洗，就近使用，暴雨季节还起到排洪、泄洪、调蓄的作用。

4. 雨水利用

雨水利用是综合考虑雨水径流污染控制、城市防洪以及生态环境的改善等要求，和屋面雨水集蓄系统、雨水截污与渗透系统相配合，将雨水用作喷洒路面、灌溉绿地、蓄水冲厕等城市杂用水的技术手段，是城市水资源可持续利用的重要措施之一。

（1）直接利用

即将雨水收集处理后直接使用。屋面雨水主要由雨落管收集，路面雨水和绿地雨水则主要由雨水口收集。收集到的雨水首先经过格栅去除较大的杂质，之后进入混凝、沉淀、过滤等处理系统，处理达标后可作为生活杂用水等。雨水的直接利用可有效缓解区域的供水压力和排洪压力。

（2）间接利用

雨水的间接利用是指将雨水渗透回灌，以补充地下水的过程。通过雨水的渗蓄，可以有效降低径流量，使雨水产流汇流滞后，削减洪峰峰值。在土地空间允许且土壤渗透性能较好的情况下，可利用洼地、水池或池塘集蓄雨水，进行地面蓄水入渗；当地表的土壤入渗性能难以满足要求时，可在地下建设增深设备，主要包括渗透井、渗透管（渠）、透水砖、草坪砖、雨水花园、下凹式绿地等典型设施。

（3）综合利用

雨水的综合利用是直接利用和间接利用的有机组合，实现区域雨水资源的多功能利用，包括雨水的收集回用、渗透补充地下水以及城市防洪排涝，同时融入生态水景、屋顶绿化等多种技术。高校校园中有大量的教学楼、办公楼、宿舍楼以及道路等，能够收集较多的屋面雨水和路面雨水。同时校园绿化面积较大，在绿地中增加下凹式绿地，可有效补充地下水源。部分高校校园中具有人工湖等生态复合景观，可以收集储存雨水，景观水的水质可以通过增设在水系旁边的植被浅沟进行净化。

在校园中实现雨水的综合利用，首先要进行系统的全局规划，包括雨水收集、储存、处理、景观等多个方面，确保其协调性和可持续性；其次要依靠专业的技术手段，包括雨水收集系统设计、净化处理技术、储存设施的建设等，确保其可行性和经济性；再次要建立完善的管理维护机制，包括对雨水利用设施的定期检查、维护和保养，确保其正常运行和使用效果；另外，还要考虑雨水的安全性，包括对雨水的净化处理、储存设施的安全防护等，确保其不对校园环境和师生健康造成影响。

5.2　海绵校园的雨水治理

海绵校园是海绵城市的一个重要组成部分，是实现城市可持续发展的重要手段之一。海绵校园通过模仿自然生态系统中水循环的过程，运用一系列生态、工程和科技手段，增强校园在雨水收集、存储、利用和排放方面的能力，不仅改善校园的生态环境和育人环境，达到优化水资源管理、增强抗洪能力、促进雨水资源化利用的目的，推动科技进步和社会进步。雨水的资源化利用不仅可以减少校园内涝的风险，还可以为校园植物灌溉、清洁道路和建筑物等提供水源，降低了用水的成本，减轻了市政排水系统的负担，进而提高经济效益。

5.2.1　海绵校园建设理念

"海绵校园"一词由海绵城市延伸而来，指整个高校校园像海绵一样，在适应环境变化和应对自然灾害等方面具有良好的"弹性"，下雨时吸水、蓄水、渗水、净水，需要时将蓄存的水"释放"并加以利用。通过"源头分散""慢排缓释"，就近收集、存蓄、渗透、净化雨水，让校园的地面具有如同"海绵"一样的吸水功能，实现雨水的自然迁移。

1. 海绵城市建设基本原理

海绵城市的概念在2012年4月的"2012低碳城市与区域发展科技论坛"中首次提出；2013年12月，习近平总书记在中央城镇化工作会议的讲话中再次强调："提升城市排水系统时要优先考虑把有限的雨水留下来，优先考虑更多利用自然力量排水，建设自然存积、自然渗透、自然净化的海绵城市"。为贯彻落实习近平总书记重要讲话精神，国内展开了针对海绵城市建设的全方位工作，"十四五"期间，我国计划在全国范围内推进海绵城市建设，以改善城市水环境和居民生活质量；到2025年，全国力争40%以上的城市建成区达到海绵城市建设要求，同时选择一批不同类型的城市进行海绵城市建设试点，以探索适合不同城市的海绵城市建设模式和技术方案。而且，我国还将加强海绵城市建设的顶层设计和规划，制定更加完善的政策和标准，加强技术研发和推广应用，以推动海绵城市的全面发展。

海绵城市建设让更多城市告别雨季"看海"模式，在城市规划建设管理各个环节，通过"渗、滞、蓄、净、用、排"等措施，提升城市对雨水的利用、调蓄、吸纳能力，带来"会呼吸"的城市（图5-1）。"渗"是利用各种路面、屋面、地面、绿地，从源头收集雨水；"滞"是降低雨水汇集速度，既留住了雨水，又降低了灾害风险；"蓄"是降低峰值流量，调节时空分布，为雨水利用创造条件；"净"是通过一定过滤措施减少雨水污染，改善城市水环境；"用"是将收集的雨水净化或污水处理之后再利用；"排"是利用城市竖向与工程设施相结合，排水防涝设施与天然水系河道相结合，地面排水与地下雨水管渠相结合的方式来实现一般排放和超标雨水的排放，避免内涝等灾害。

海绵城市的建设注重对城市原有生态系统的保护，即最大限度地保护原有的河流、湖泊、湿地、坑塘、沟渠等水生态敏感区，留有足够涵养水源、应对较大强度降

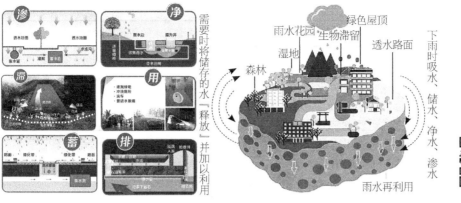

※图5-1　海绵城市示意图

雨的林地、草地、湖泊、湿地，维持城市开发前的自然水文特征，这也是海绵城市建设的基本要求。针对传统粗放式城市建设模式下已经受到破坏的水体和其他自然环境，海绵城市的建设提倡运用生态的手段对此进行恢复和修复，并维持一定比例的生态空间（表5-1）。海绵城市的建设注重人与自然的和谐相处，在低影响开发（Low Impact Development, LID）的状态下发展城市化，同时减少传统城市中大量硬质地面引起的较大的地表径流量。LID指在场地开发过程中采用源头、分散式措施维持场地开发前的水文特征，包括径流总量、峰值流量、峰现时间等。按照LID开发建设理念，合理控制开发强度，在城市中保留足够的生态用地，控制城市不透水面积比例，最大限度降低对城市生态环境的影响。同时，根据需求适当开挖河湖沟渠、增加水域面积，促进雨水的积存、渗透和净化。

传统城市与海绵城市的对比　　　　　　　　　表5-1

场景	传统城市	海绵城市
城市道路	道路路面不透水； 传统管道排水； 道路排涝压力大； 路面污染严重	道路路面透水； 路面消化排水； 下渗面积增加； 地表径流减少
花园	路缘石不透水； 雨水滞留在路面； 地形平整； 雨水难以在绿地滞留、渗透	因地制宜设计下凹式雨水花园； 道路或建筑之间雨水得到有效收集； 设计过滤层（如植物，细沙等）； 有效净化和渗透雨水
社区公园道路	路面无渗透性处理； 雨天易积水； 易引起道路打滑，安全性低	可渗透路面； 道路两旁设置草坪排水沟以收集雨水； 绿色植物帮助减轻城市热岛效应

场景	传统城市	海绵城市
屋顶	屋顶裸露，硬质化； 加剧建筑屋顶老化、城市内涝；屋顶缺少绿化，增加城市热岛效应	栽种绿植，以吸收多余雨水； 植物根系净化过滤雨水后收集存储； 多样植物的植被层可吸收建筑热量，缓解城市热岛效应
停车场	周边绿化高于地面； 暴雨时难以吸纳雨水； 地面不透水，雨水难以下渗，易造成路面积水	与生物滞留池及植草沟结合设计； 透水铺装将停车场雨水径流输送到下凹式绿化带； 缓解雨天路面积水问题

2015年和2016年，财政部、住房和城乡建设部、水利部分两批确定了30个试点城市，截至目前，各试点城市的海绵城市建设在缓解城市内涝、改善城市水环境、创新促进产业发展、社会认可等方面已经初见成效。城市对雨水的承载力获得了提升，内河污染程度也有所减弱，有效地缓解了城市建设发展与生态环境保护之间的矛盾，促进了社会环境与自然生态的和谐发展。"十四五"期间，财政部、住房和城乡建设部、水利部通过竞争性选拔，确定部分基础条件好、积极性高、特色突出的城市，分批开展典型示范，系统化全域推进海绵城市建设，为建设宜居、绿色、韧性、智慧、人文城市创造条件，推动全国海绵城市建设迈上新台阶。

2. 海绵校园建设理念

近年来，随着我国经济的腾飞，高等教育也得到了飞速发展，高校的硬件设施得到了明显改善。据教育部官网发布的《2020年全国教育事业发展统计公报》，截至2020年，普通高等学校的校舍建筑面积达到9亿m^2，比上年增加2785.4万m^2。目前，我国面临水资源短缺、水安全堪忧、水环境污染、水生态恶化等现实困境，高校的水资源利用模式也应从传统的粗放式逐渐转变为精细化、科学化的利用方式，海绵校园的建设势在必行。通过将校园的雨洪管理设施和环境景观相结合，不仅有效降低极端恶劣天气造成的危害，同时可以有效提升校园的景观层次感。

校园内的建筑一般以教学楼和宿舍楼为主，辅以图书馆、食堂、体育场等设施。对于绝大多数高校校园来说，教学楼和宿舍楼占用了较大的建筑面积，同时，高校内的建筑风格也较为统一，因此，有利于采用较为固定的技术路线，相对统一的技术措施，来进行海绵校园的改造，有效降低设计难度和改造成本，利于实际操作实施。而且高校内的人流流动方式和流动高峰时间都较为统一，师生活动多集中为三点一线模式，如"教学楼—宿舍楼—食堂"等，因此，海绵校园的改建可以以上述路线为中心，其他周边路线为辅助，因地制宜采用多种海绵城市建设技术措施。另外，高校的人文气息浓厚，科研教育功能突出，海绵景观与校园整体氛围相协调，海绵校园的建设可以促进相关学科发展，便于开展实践活动，同时具有潜移默化的环境育人功能。综上所述，高校校园具有开放空间大、占地面积广、人口数密集、公共建筑物多、绿化占比高等独到优势，可以作为海绵城市的试验田和先行者。当然，海绵校园建设应该优先考虑气候、植被覆盖、坡度因素、水文地理条件、地形地貌等自然条件，合理规划，采用集约化设计，科学布局，统筹兼顾，景观功能有机结合，尽量提高建设用地的使用率，最大限度降低施工对原有环境生态的破坏。

（1）自然优先，合理规划

海绵校园的最终目的是希望能将雨水进行自然的吸收、储存和排放，减少对生态环境的破坏，提高校园的经济效益和生态效益。因此，海绵校园建设应根据《海绵城市建设技术指南——低影响开发雨水系统构建（试行）》，以及《高校新建校园绿色规划建设指南》等多个相关规范和标准，遵循自然优先、合理规划的理念。

首先，科学划分水系区域和绿地区域。海绵校园的建设应保护河流、湖泊、湿地、坑塘、沟渠等水生态敏感区，留有足够涵养水源、应对较大强度降雨的林地、草地、湖泊、湿地，维持校园建设前的自然水文特征。对已经受到破坏的水体和其他自然环境，可以运用生态的手段进行恢复和修复，并维持一定比例的生态空间，防止对自然栖息地、自然水系、湿地以及其他风景名胜造成破坏。

其次，合理控制建设强度。海绵校园的建设要保留足够的生态用地，控制不透水面积比例，最大限度地减少对周边原有水生态环境的破坏，优先利用自然排水系统与LID开发设施，根据实际需求适当开挖河湖沟渠、增加水域面积，促进雨水的积存、渗透和净化，以实现雨水的自然积存、自然渗透、自然净化和可持续水循环，提高水生态系统的自然修复能力，维护良好的生态功能。

再次，遵循交通便利原则。海绵校园的建设交通安排应靠近已有或已经规划建设的便捷的对外交通。对于规划用地的现状调研，一般涉及规划校园及周边地形地貌、水文地质、交通支撑、景观资源、校园选址区域内部的地形地貌、土地利用性质、既有植被分布或建设情况等。在充分调研的基础上，通过指标分析、示范分析、政策分析等方式，对海绵校园的规划建设提出建议。

（2）科学布局，统筹兼顾

一般而言，校园由建筑物、开放场地、构筑物、绿地和道路等多维空间组合而成，根据《高等学校校园建筑节能监管系统建设技术导则》，学校建筑可以分为行政办公建筑、图书馆建筑、教学楼建筑、科研楼建筑、食堂餐厅、学生宿舍、交流中心等13类。因此，海绵校园要科学布局，统筹兼顾校园建筑与道路、广场等公共设施以及绿地等布局形态，综合考虑校园空间特征与功能用地的有机结合。

首先，校园建筑与绿地、道路等相结合，形成板块化的布局形态，以尽量削减地面径流。为了使海绵校园建设技术措施取得最佳的效果，可以根据校园建筑的不同使用功能，在满足设计规范的基础上，因地制宜地采用不同的LID设施，如绿色屋顶、雨水花园等，增加户外活动场地，缓解校园建筑与公共活动空间之间的矛盾。同时，对于连接校园建筑的道路，在满足区域功能的前提下，合理设计排水分区，尽量保持原有水文环境。

其次，海绵校园的空间特征与校园功能用地进行有机结合，可以将校园空间划定为雨水渗透空间、汇流空间和储蓄空间。在此基础上，根据初步形成的空间结构体系，通过水动力模型等专业技术，模拟确定集水产生的区域，最终确定各功能区的空间格局，并通过水文模拟等验证海绵校园对雨水的控制情况。此外，储存的雨水进行净化并达到相应标准后，如《城市污水再生利用　城市杂用水水质》GB/T 18920—2020、《建筑与小区雨水控制及利用工程技术规范》GB 50400—2016等，可以二次使用，不仅能缓解校园内涝积水现象，降低校园对水资源的消耗，而且可以有效缓解景观用水压力，改善水生态环境，促进可持续校园建设。

（3）功能景观，有机结合

海绵校园的建设通过生态措施对雨水进行渗透、传送、储存和利用，构成海绵校园的雨水循环系统，重视雨水的循环利用，区别于传统校园雨水的粗放式、快排式。

首先，景观与水系相协调。在海绵校园的设计阶段，应注意对不同LID设施及其组合进行科学合理的平面与竖向设计，在建筑物、道路、绿地、广场与水系等规划建设中，统筹考虑校园户外公共活动空间，景观水体、滨水带等开放空间，紧密结合所在区域的规划控制目标、水文、气象、土地利用条件，建设LID设施和相应的雨水系统，充分发挥校园水系在雨水终端调蓄中的价值。例如，在草坪、广场、花园等校园开敞空间中，可以充分利用场地自然条件，发挥水系在雨水管控中的集中调蓄能力，将雨水湿地与景观水体相结合；也可以对渗透性差的草坪、花园等进行土壤介质改善，丰富植物种类及种植密度，寻求单项技术措施之间的良好衔接，避免滋生蚊蝇及其他连锁事件。

其次，景观与水系相融合。海绵校园的建设，不只是将海绵设施强加在空间环境中，而是通过优化设计，与校园中的空间要素、自然雨水过程相融合，以发挥生态功能为设计根本出发点，将海绵设施完全融入空间中，并对雨水径流的管理过程景观化，将美学功能作为设计附加价值，展现校园场地的历史人文特征、校园文化特色，最终呈现良好的观赏视觉效果，使景观与水系相得益彰，提升校园景观文化效果。

最后，海绵校园的建设，宜统筹兼顾校园内部的LID雨水系统与城市雨水管渠系统、超标雨水径流排放系统等。校园内的LID雨水系统可以通过对雨水的渗透、储存、调节、转输与截污净化等功能，有效控制径流总量、径流峰值和径流污染；城市雨水管渠系统即传统排水系统，应与校园内的LID雨水系统共同组织径流雨水的收集、转输与排放；超标雨水径流排放系统，用来应对超过雨水管渠系统设计标准的雨水径流，一般通过综合选择自然水体、多功能调蓄水体、行泄通道、调蓄池、深层隧道等自然途径或人工设施构建。三个系统相互补充、相互依存，是海绵校园建设的重要基础元素。

5.2.2　海绵校园雨水治理技术措施

科学实施雨水管控与利用，通过综合运用雨水收集利用技术，可以促进海绵校园建设的发展，有效应对环境和雨水资源的变化，削减校园地面径流等问题。同时，雨水收集利用也是实现水资源可持续利用的重要措施之一，对于环境的可持续发展具有重要意义。

海绵校园的建设理念鼓励在保护生态环境的基础上，通过"渗、滞、蓄、净、用、排"六大措施，分布式地就地解决积水内涝等生态水环境问题，实现低碳发展，推动节能减排，进而形成节能高效的校园雨水管理体系。

1. 透水铺装

透水铺装是基于LID开发理念的重要源头控制技术之一，通过重新构建被硬化地面所破坏的"降雨—径流—下渗—回用/循环"的良性循环，可有效减少暴雨径流量和控制径流污染（图5-2）。通常根据面层材料的不同，将透水铺装分为透水混凝土铺装、

图5-2彩图

※图5-2　透水铺装示意图

透水砖铺装和透水沥青铺装。在海绵校园中，透水砖铺装常用于人行道、非机动车道、停车场和广场等，而透水混凝土和透水沥青可以根据路面荷载和结构强度要求，因地制宜地选用全透式和半透式路面构造。

透水铺装的适用区域广泛，施工方便，可以起到补充地下水的作用，同时具有一定的峰值流量削减效应和雨水净化作用，但是容易堵塞，在寒冷地区有被冻融破坏的风险。

2. 下凹式绿地

下凹式绿地通常指高程低于周边路面200mm的一种结构特殊的绿地，其内部设置的雨水口的位置高于绿地高程但又低于路面高程，在降雨过程中，可以利用下凹空间汇流及储存周边场地的雨水径流，通过土壤基质、植被及微生物共同作用，增加雨水径流时间，削减洪峰流量，减轻地表径流污染（图5-3）。作为一种生态雨水调蓄措施，下凹式绿地的适用区域广，建设费用和维护费用均较低，在海绵校园的建设中，可以作为校园道路的中分带和侧分带、楼栋之间和广场上的草坪绿地和雨水花园，也可以作为人行道上的生态树池，发挥良好的校园景观效果。需要注意的是，下凹式绿地在大面积应用时，容易受到地形等条件的影响，实际调蓄容积较小。

※图5-3　道路绿化带中的下凹式绿地

3. 生物滞留设施

生物滞留设施通常指在有植物生长的低洼地区，利用植物、土壤、填料及微生物的作用净化雨水，同时将雨水暂时储存而后慢慢渗入土壤，补给地下水（图5-4）。生物滞留设施具有形式多样、适用区域广、易于景观结合等优点，可以用于海绵校园中的建筑、道路和停车场周边绿地以及校园道路绿化带等。

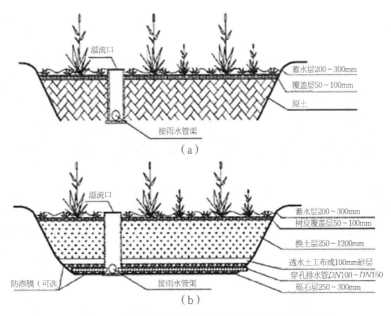

溢流口
蓄水层200～300mm
覆盖层50～100mm
原土
接雨水管渠
（a）

溢流口
蓄水层200～300mm
树皮覆盖层50～100mm
换土层250～1200mm
透水土工布或100mm砂层
穿孔排水管DN100～DN150
砾石层250～300mm
防渗膜（可选）
接雨水管渠
（b）

※图5-4　简易型和复杂型生物滞留设施典型构造示意图
（a）简易型；（b）复杂型

4. 绿色屋顶

绿色屋顶又称为生态屋顶或种植屋面，是指在普通屋顶表面种植植物的一种绿化形式（图5-5a、b）。其结构包括植被层、土壤基质层、过滤层、排水层和防水层，通常还设置有出流控制装置。根据生长基质的厚度不同，绿色屋顶通常分为两类，即生长基质厚度15cm以内的粗放型绿色屋顶和生长基质厚度大于15cm的精细型绿色屋顶。由于前者具有重量轻、维护成本低等优势，因此大多数绿色屋顶属于粗放型绿色屋顶。作为海绵校园建设中一种重要的源头控制技术，绿色屋顶能通过储存和控制雨水，有效缓解雨洪风险。需要注意的是，绿色屋顶应特别注重承载能力和防水能力的评估，对新建绿色屋顶设计应包括种植荷载在内的全部构造荷载，以及施工中的临时堆放荷载，并注意屋顶的防水以及构造设计；当既有建筑屋面改造为绿色屋顶时，应重新核算既有建筑屋顶的承载能力，并重新评估既有建筑屋顶防水及构造，必要时应加固改造后方可实施。

5. 植草沟

植草沟是指种植植被的景观性地表沟渠排水系统，主要用于雨水前期处理和雨水运输，可替代传统的沟渠排水系统，广泛应用于城市道路两侧（图5-5c、d）。植草沟可以分为三种类型，转输式植草沟、干式植草沟及湿式植草沟。转输式植草沟对土壤的渗透性要求较低，主要作用是传输雨水；干式植草沟通过在植草沟的底部设置砾石排水层，实现雨水的渗透、净化及传输；湿式植草沟通过在底部设置填料层和砾石排水层，实现雨水滞蓄和净化，其中填料层的厚度通过进水水质情况进行设定，并以实际情况为依据，对植草沟是否采取防渗设施进行确定。

（a）　　　　　　　　　　　　　　　　（b）

图5-5彩图

（c）　　　　　　　　　　　　　　　　（d）

※图5-5　绿色屋顶及植草沟

（a）（b）绿色屋顶；（c）（d）植草沟

在海绵校园的建设中，植草沟要与周边景观相结合，可作为生物滞留设施等的预处理设施，适用于建筑内道路、广场等不透水面及校园道路周围，也可以同雨水管网联合运行，或代替雨水管网，在完成输送排放功能的同时满足雨水的收集及净化处理的要求，具有开发和维护成本低等优点。植草沟也可以植被浅沟的形式，沿景观湖设置。需要注意的是，植草沟在已建校区部分及开发强度较大的新建校区中易受场地条件制约。

6. 雨水调蓄池/雨水调蓄模块

雨水调蓄池是一种雨水收集设施（图5-6a），主要是把雨水径流的高峰流量暂留池内，待最大流量下降后再从调蓄池中将雨水慢慢排出，既能规避雨水洪峰，提高雨水利用率，又能控制初期雨水对受纳水体的污染。根据《城镇雨水调蓄工程技术规范》GB 51174—2017，调蓄池根据是否具有沉淀净化功能可以分为接收池、通过池和联合池三种类型。用于控制径流污染的调蓄池，在进水污染初期效应明显时，或用于削减峰值流量和雨水综合利用时，宜采用接收池；在初期效应不明显时，宜采用通过池；在进水流量冲击负荷大，且污染持续较长时间时，宜采用联合池。

在海绵校园的建设中，蓄水模块可以设置在广场、建筑周边绿地、地上停车场以及公共区域的下方，经过处理以后且达到相关标准的雨水，可用于绿化、建筑、景观性用水等；抑或是结合绿地、开放空间等场地条件设计为多功能调蓄水体，即平时发挥正常的景观及休闲娱乐功能，暴雨时发挥调蓄功能，实现土地资源的多功能利用。而雨水调蓄工程的清淤冲洗水以及用于控制雨水径流污染，但不具备净化功能的雨水调蓄工程的出水，应接入污水系统；当下游污水系统无接纳容量时，应对其进行改造或设置就地处理设施。

7. 氧化塘

氧化塘是一种利用天然净化能力对污水进行处理的构筑物的总称，其净化过程与自然水体的自净过程相似。通常是将土地进行适当的人工修整建成池塘，并设置围堤和防渗层，依靠塘内的菌藻类微生物处理污水中的有机污染物，不需要大量的能源和化学药剂，因此对环境的影响较小，具有可持续性和生态性（图5-6b）。氧化塘可以与海绵校园中的其他生态设施结合使用，形成完整的雨水管控系统。例如，氧化塘可以与雨水花园、绿色屋顶等设施相结合，共同管理校园内的雨水资源。通过这些设施的组合使用，可以更好地控制地表径流，减轻对排水系统的压力，同时提高校园的生态环保性能。此外，氧化塘还可以为校园提供一定的生态景观效果。通过合理的规划和设计，氧化塘可以成为校园中的一处景点，为师生提供良好的学习和生活环境。

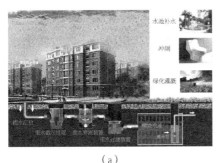

图5-6彩图

（a）　　　　　　　　　　　（b）

※图5-6　雨水调蓄池及氧化塘

（a）雨水调蓄池；（b）氧化塘

8. 人工湿地

人工湿地是模拟自然湿地的结构和功能而设计、建设的用于污水处理的系统工程，主要由基质、湿地植物和微生物三部分构成，具有一定的径流总量和峰值流量控制效果（图5-7a、b）。人工湿地垂直流生态滤床主要包括垂直流生态滤床、沉淀池（塘）、粗滤床等预处理设施，根据需要设有深度处理塘、污泥生态干化滤床。人工湿地适用于海绵校园中具有一定空间条件的建筑区域、校园道路、校园绿地、人工景观湖等周围。

9. 洼地—渗渠系统

洼地—渗渠系统包括各个就地设置的洼地、渗渠等组成部分（图5-7c、d），这些部分与带有孔洞的排水管道（带有可调节的溢流阀）连接，形成一个分散的雨水处理系

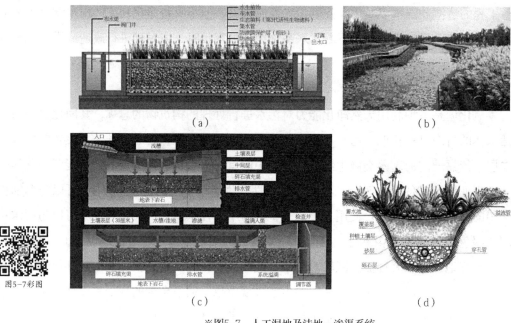

图5-7彩图

※图5-7　人工湿地及洼地—渗渠系统
(a)(b)人工湿地；(c)(d)洼地—渗渠系统

统，可以设置在雨水径流形成的"源头"，如靠近屋面、停车场、道路等。通过雨水在低洼草地中短期储存和在渗渠中的长期储存，保证尽可能多的雨水得以下渗。洼地—渗渠系统代表了一种排水系统的新概念，即"径流零增长"。需要注意的是，渗渠适用于校园内转输流量较小的区域，不适用于地下水位较高、径流污染严重的以及易出现结构塌陷的区域，如雨水管渠不宜位于机动车道下方等。

5.3　海绵校园雨水管控与利用实践

海绵校园建设是以传统校园建设为基础的，意在保留传统校园满足师生的日常学习、生活、运动、休闲等基本需求的基础上，将其与雨洪管理的目标相结合，以雨水的管控与资源化为前提，通过引入渗、滞、蓄、净、用、排等LID开发措施，达到降低校园内不透水面积，削减地面径流，增加下渗面积，提高雨水资源化利用程度等，实现"灰色"校园建设到"绿色"校园建设的转变。因此，海绵校园建设应将LID开发雨水系统作为新型校园建设和生态文明校园的主要手段。建设前要经过详细的LID开发调研，研究校园生态情况、绿化、水环境、地形地貌、气候、周边市政基础设施、环境保护等相关内容，因地制宜地确定校园区域年径流总量控制率及其对应的设计降雨量目标。确定开发与改造目标时，应构建从源头到末端的全过程控制雨水系统；着眼于校园所在城市（新区）所制定的径流总量、径流峰值、径流污染、雨水资源化利用率等控制指标，主要从建筑屋面雨水、校园路面雨水、校园广场和校园人工景观水系等着手，依照"源头控制、过程分流、末端调蓄"的雨水管控思路，治理校园内涝，改造校园环境，恢复校园生态，提高校园排水防涝能力，营造校园自然文化氛围。

5.3.1　建筑屋面雨水

校园建筑以多层建筑为主，建筑体量庞大且造型规整，以办公教学建筑、宿舍建筑等为代表。校园建筑的屋顶总面积巨大，出入口及周边多为硬化铺装，因此将产生大量的雨水径流。雨水径流应通过有组织的汇流与转输，经过截污等预处理后引入包括绿地等在内的以雨水渗透、储存、调节等为主要功能的LID设施。雨水径流的控制可以从两个方面入手，即减少雨水径流与雨水回收利用。减少雨水径流从上至下可以采用绿色屋顶、墙体绿化、透水铺装、雨水花园等。而雨水回收利用从上至下则可以采用屋顶雨水罐、雨落管截流、蓄水池等。所有海绵化建设设施应相互联系，形成一个完整的雨水管控系统（图5-8）。

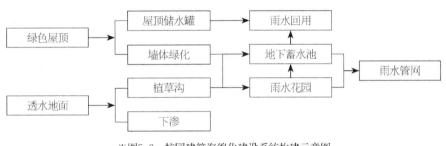

※图5-8　校园建筑海绵化建设系统构建示意图

校园建筑可选用的海绵化建设措施主要有：绿色屋顶，垂直绿化，以及建筑雨水循环利用系统等。

1. 绿色屋顶

绿色屋顶能够有效地吸收和储存雨水，后续可用于植物灌溉或被引导到城市的雨水收集系统中；而植被和土壤对雨水的吸收和过滤能力可以有效降低污染负荷，放缓雨水径流，延长径流空间，使雨水排放由瞬态排放转化为稳态排放，有效缓解短时强降雨可能引起的内涝。根据功能结构，绿色屋顶可划分为以下五个功能层：植被层、基质层、过滤层、蓄排水层及防水层。其中，基质层（种植土层）与蓄排水层可以截留大量雨水，减少屋顶雨水径流总量；植被层与过滤层则能净化雨水径流，提升雨水水质。屋顶可以设置小型的雨水罐，其进水管伸入过滤层下的蓄排水层中，可收集初步净化的雨水以备回用。为了保证绿色屋顶的使用效果，维持植物的生长状况和便于后期的运行维护管理，以上五个功能层缺一不可。需要特别注意的是，绿色屋顶的改建对屋顶的荷载、防水、坡度和空间条件等有严格的限制，绿色屋顶的基质深度也应根据植物的需求和屋顶的荷载进一步确定。

绿色屋顶也可增加过滤、储存、循环雨水等措施，既可以形成一个"收集与回用"的自循环回路，又可以将多余的雨水通过雨水管导向墙体的垂直绿化或者地面的LID设施进一步应用。雨水通过管道落到地面后将会进入雨水花园，对于水质要求过高的雨水花园需要在进入前经过弃流池弃流。我国地域辽阔，气候类型跨度大，不同地区降雨强度、降雨周期有很大差异。不同基础条件应采取不同的设计方案，增强雨水管控效果的同时也更便于维护。需要注意的是，绿色屋顶设施的设置要充分审核屋顶荷载承受能力，严格保证防水施工质量；屋顶储水罐为小型储水罐，其容量根据建筑内部使用情况确定，设施前接过滤装置，后接溢流排放装置。

2. 垂直绿化

垂直绿化也被称为生物墙、绿墙、墙体绿化，是由植物、生长介质和灌溉系统组成的建筑外墙延伸部分。墙体绿化作为建筑外表面的雨水管控设施，将传统的地面径流这一二维雨水消纳模式转变为三维多层多阶段的雨水消纳模式，可以起到收蓄雨水、减少暴雨径流负担的功能，与屋顶绿化相类似，墙体绿化通过额外的保温系统也能调节建筑温度，从而减少保温和投资负担。在设计时必须慎重考虑建筑结构荷载和防潮隔离，植物选择要考虑建筑物的朝向，选择适合的喜光或耐阴植物。墙体绿化在植物配置方面受多种因素限制：墙面材料、墙面朝向以及墙面色彩等。粗糙墙面攀附效果最好，如水泥砂浆墙面、水刷石墙面等；光滑墙面攀附效果较差，如粉灰墙、涂料墙等；墙面朝向也严重影响不同习性的植物类型，美观廉价且攀附力强的爬山虎、常春藤、紫藤、凌霄及爬行卫矛等可以作为首要选择。凌霄喜阳种植于南向墙面；络石喜阴宜种植于北向墙面；爬山虎生长较快、枝叶茂密可种植于西向墙面以降低西晒。

3. 雨水花园、下凹式绿地、蓄水池等

雨水花园和下凹式绿地都用在建筑的周边，以汇集、下渗雨落管与周边的雨水。而蓄水池分为地上和地下两种，都是用来收集以备回用，其前端应连接净化设施。回收净化的雨水在达到《城市污水再生利用　城市杂用水水质》GB/T 18920—2020后，可以用于建筑内部的厕所冲水、绿化灌溉、道路浇洒等。雨水花园、下凹式绿地等渗透设施可以选择立缘石作为汇流入口，也可以选择植被缓冲带缓坡进入渗透设施，且所有渗透设施都有溢流口，当雨水饱和后流入市政管网；植草沟根据转输雨水量和转输距离可以选择不同类型，植草沟的布置一般沿场地边缘或者沿道路边缘布置。地表蓄水池除集蓄雨水外，还有一定的汇流功能；蓄水罐连接可视化操作设备，便于管理雨水，方便回用。地表蓄水池四周注意设置安全围栏及警告标语，其容积根据不同储水量需求设计；

储水设施前应设置初期雨水弃流池、沉淀池等，再接雨水净化装置，后接水泵将水输送回用。

4. 建筑屋面海绵化雨水利用实例

西安交通大学的屋顶绿地系统是该校海绵化改建的重要组成部分（图5-9）。梧桐苑、七彩阁两处的屋顶绿化，根据建筑屋面荷载的条件，实施的是政府规定的B类组合式屋顶绿化，即设置花池、灌木、园路及座椅等设施。梧桐苑屋顶花园以半导体为设计元素，与钱学森图书馆广场上的古代四大发明元素相呼应，寓意学校继往开来，以新技术、新视野、新思路不断开拓创新、精勤育人。七彩阁的屋顶花园包括石子道路、三个大花池，道路两边还有微地形、树池和花池，寓意同学们遨游在知识的海洋中；其余四处的屋顶绿化实施的是C类草坪式屋顶绿化，以地被植物和藤本植物为主。该校拟逐年向政府进行申报，将学校具备实施条件的屋面，全面覆盖成绿色。校园的屋顶绿化工作通过在不透水性建筑的顶层覆盖一层植被，构成小型排水系统，达到了净化环境，增加城市绿地面积的目的，同时也可以削减雨水径流，并在夏天阻挡热量，为房屋降温，为城市的治污减霾贡献了力量。不仅如此，它还可保护建筑免遭紫外线、雨水侵蚀损伤，有利于延长建筑寿命。广大师生员工在工作学习之余，也能眺望对面的绿色屋顶，感受一抹绿意，体会绿色文明校园带来的美好。

图5-9彩图

※图5-9　屋顶绿地系统

5.3.2 校园路面雨水

道路系统在规划设计中起到了骨架和连接作用，在校园中占到了相当大的面积。依据《城市道路工程设计规范（2016年版）》CJJ 37—2012，校园道路一般分为三级，校园主干道环路、支路及步行小路。主路和支路一般以水泥混凝土或沥青混凝土为材料，而传统的道路设计要求坚固、平整、耐久，排水则是通过找坡和市政管网雨水口排水。排水形式比较单一，且效率较低，当强降雨时则会超负荷而出现地表大量积水，甚至内涝。而现在道路绿化主要形式就是绿化带，分为道旁绿化带和分车绿化带。绝大部分的道路都是用立缘石将路面和绿化带分隔开，不能相互流通地面径流，道路地表径流基本都要通过数量有限的雨水口和雨水井排水。

在校园道路分级的基础上，根据具体使用功能、人流量，以及道路宽度等，可以将校园道路分为单幅路、双幅路以及三幅路等，单幅路和多幅路的定义取决于路基的断面数量并结合道路分隔带的设置。一般而言，为了避免交通混乱、影响机动车与非机动车各自的通行顺畅，校园内主要道路应设计为双幅路或三幅路，道路中央设置绿化分隔带或机动车道两侧设置绿化分隔带。而支路则应该设计为单幅路，既节省空间又方便快捷。支路道路两侧可以是植草沟或生态池等。

道路横断面设计应优化道路横坡坡向、路面与道路绿化带及周边绿地的竖向关系等，便于径流雨水汇入绿地内影响开发设施，路面排水宜采用生态排水的方式。路面雨水首先汇入道路绿地带及周边绿地内的地硬性开发设施，并通过设施内的溢流排放系统与其他LID设施或城市雨水管渠系统、超标雨水径流排放系统相衔接；路面宜用透水铺装，透水铺装路面设计应满足路基路面强度和稳定性要求。校园道路海绵化建设系统构建如图5-10所示。

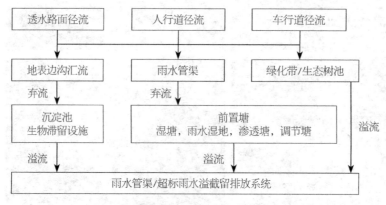

※图5-10　校园道路海绵化建设系统构建示意图

1. 透水路面改建

采用透水材料路面替换传统不透水路面是海绵校园道路设计的首要选择。传统道路的不透水路面，主要通过设置路面坡度导流到道路雨水口实现排水。道路坡度应该根据道路宽度、类型、纵坡以及当地气候确定，一般设置为1.0% ～ 2.0%。透水型路面坡度可适当减小采用1.0% ～ 1.5%。此外，传统道路由路缘石将车行道和人行道进行分隔，而人行道标高高于车行道会阻止径流从路面向外部流出，因此，在采用透水材料路面之外，还可以通过采用生态树池、LID路缘石等方式，促进路面雨水径流的削减。

路缘石分为平缘石和立缘石，当道路两侧或一侧没有人行道而是绿化时，可以使用平缘石。为了使雨水可以自动流入绿化区，路旁绿化标高应低于道路标高。当采用立缘石时，LID立缘石的一般做法是将立缘石打孔或凿出豁口，使雨水可以顺利流入道旁LID下一级设施，可以是转输设施、净化设施或是蓄积设施。生态树池则是一种LID新型树池，其设置在车行道两侧，在车行道一侧低于路面标高位置开口，人行道一侧顺地势自然流入树池，车行道一侧则通过开口进入树池。这样既可以有效降低地面径流，也节约了树木维护成本。

2. 透水路面材料选择

车行道的铺装材料可以根据实际情况选择，当道路行驶车辆较少且多为轻型小汽车或自行车可以选择透水铺装；当道路承担了相当一部分的交通流量，且道路不限制大型车通行，则应选择承受荷载更大的不透水材料路面。当车行道外侧是硬质人行道时，可以选择生态树池和渗管加渗井的LID组合，设置溢流口，初步净化后的雨水流入市政雨水管。当车行道外侧是LID绿化设施时，可以选择加设转输设施、下渗设施、截污净化设施或者雨水集蓄设施。绿化设施区可以结合行道树和雨水花园设计，充分利用雨水进行浇灌，且地表植被对雨水又有一定的初步截污净化作用，超标雨水将会进入雨水管网。对于停车位数量较多的路段，设计采取植草沟、绿化带等LID设施相结合的方式快速汇集、转输雨水径流。停车位采用纵横向找坡的方式将径流导入绿地或植草沟，再由植草沟沿纵坡汇入尽端集蓄、下渗LID设施。植草沟和绿化带有截污净化的作用，也可部分下渗雨水径流。

对于双幅路和三幅路等多幅路而言，道路中央分隔带的设置更加便于海绵化建设，中央分隔带可设计为生态沟，调转道路横向坡度，使雨水流向中央绿化分隔带。生态水沟增设溢流口，多余雨水流向市政管网。道路两侧各设置植草沟或生态树池，人行道可设透水路面，多余雨水流向生态树池，生态树池饱和后流向雨水口，最终排向市政管网。针对道路中间设置的绿化带，除了根据当地降雨量适当增大绿色分车带的横断截面，也可以增设辅助设施，如渗井，当降雨较大，大量雨水将进入渗井，通过渗井短暂存储，逐步渗透到地下；同时，可以通过选择种植适宜种类的植物，形成雨水花园，达到雨水截污净化的效果。

3. 海绵校园路面雨水汇集

海绵道路排水方式多种多样，可以通过设置下沉式绿化分车带，使雨水首先进入绿带，得到初步的截污净化，饱和后由溢流井流入市政雨水管。而绿带可以采用多种形式的LID设施，因地制宜进行植物配置，以形成雨水花园、生物滞留设施、植草沟等形式，起到下渗、过滤、转输以及短暂集蓄的效果。人行道上的树池应为可以汇集雨水的生态树池，可以汇集人行道以及非机动车道的雨水地面径流。分车绿化带和生态树池都可以汇集地面径流，即可以蓄水逐步下渗，当饱和时都可以选用溢流井进入雨水管网，溢流井口应当有滤网等过滤设备。当道路后排有其他集中海绵设施或植草沟时，生态树池以及人行道径流可以导入其中，进而减少道路的雨水径流压力。

4. 校园道路海绵化雨水利用实例

为了削减校园硬质景观，降低不透水面积，浙江农林大学东湖校区的道路和人行道区域均采用了透水降噪沥青路面、透水混凝土和透水砖等透水材料。通过铺装渗透层，雨水可以渗透至地下补充地下水。为了解决校区内绿化高于道路路面的问题，路边绿化带被改为植草沟，起到游览观赏作用的同时，还可以储蓄雨水，减缓短时降雨径流量。在校园主干大道与人行道隔离带设有生态树池，树池内设有种植土，种植土下方依次设有过滤土层、砾石和渗水管。下雨时，雨水首先进入生态树池下渗到土壤，待土壤饱和后再进入雨水口至市政雨水系统。

5.3.3　校园广场雨水

校园广场包括普通广场、运动场、停车场等。广场最初的功能是大型人员集散的广阔场地，随着功能的完善，广场现在又多了文化娱乐性、商业性、交通枢纽的作用，会大面积增加硬化铺装，这就造成了大面积的地表径流，仅依靠简单的管道雨水口排水显得力不从心，同时提高了径流污染的风险。

1. 海绵校园广场

海绵校园广场在设计时，根据广场不同的功能板块，适当地增加透水铺装的面积。雨水径流穿过透水铺装接触土壤，能够逐步渗透到地下。不透水铺装则要通过坡度导流到雨水口或是LID设施中。在透水铺装板块和不透水铺装板块的衔接处是LID雨水集蓄设施，包括湿塘、生物滞留带或者雨水花园。当空间不足时也可以设置转输型植草沟，汇集雨水迅速转移到末端的积蓄设施。而广场边界外沿除了连接的道路外，可以选择LID转输或积蓄设施。所有设施的选择和组合要根据实际需求或是根据现场施工随时调整。对于容易产生大量雨水径流的大面积硬化铺装，如果利用LID截污净化设施，接入LID雨水池或雨水罐，然后循环利用在清洁地面或浇灌绿化上，将会节省大部分经济开支。

2. 海绵校园运动场

校园内部的体育运动区域，主要设施包括体育馆、田径场等体育运动场所，整个区域内部的人流量较高。绿地雨水径流是整个区域内部的主要雨水径流方式，且径流水质大致相同，可以将整个区域内部的雨水径流通过地下所铺设的雨水管口，直接与校园现有的雨水管网相连接。然而，体育运动区域中最主要的问题是整个场地范围内的雨水径流难以得到切实的规划利用，造成雨水资源的极大浪费。为了改善传统运动休闲区内场地下渗性能不好、积水问题严重等现象，户外田径场内的地表径流可以依靠导流渠、截流沟、雨水渗透沟等，排泄至附近的绿地之中，或把原有的沥青路面改造成为多孔沥青的可渗透路面，让区域内的径流下渗至地下。同时可以在现有的塑胶跑道外环增设暗沟，并在暗沟内安装雨水净化设备，以提升雨水径流的水质状况。

以校园运动场为例，使用不透水沥青混合料、水泥混凝土等硬质化材质的传统建设方式，虽然能保证场地的建设强度，但在自然土壤与大气之间阻碍了雨水在场地间的水文循环，影响场内的生态环境，同时也是对雨水资源的极大浪费。因此，将透水铺装技术应用于运动场的海绵化改造，改变原有硬质铺装的排水方式，充分收集利用雨水，对节约水资源、优化运动场的水文循环模式，使城市可以"呼吸"顺畅具有重大意义。场地排水能力是保证运动场正常使用的重要评价指标，为了保证降雨后场地能尽快恢复使用，国际田径联合会《人造室外田径场地面性能细则》规定，自雨水完全淹没田径运动场20min后，场内积水不得超过运动场地面结构的深度。运用海绵城市理念建设运动场，要保护运动场的原有生态系统，将建设带来的影响降到最低。海绵型运动场结构设计的关键是在满足透水功能的同时满足运动场承载变形的要求，而透水铺装的透水性与承载力之间的矛盾关系一直是研究的难点，因此在以透水铺装为主体构建海绵型运动场时，需要综合考虑透水功能与运动场承载变形两种指标，从而保证海绵型运动场的结构在满足透水要求的同时也满足荷载要求。一般来说，海绵型运动场的改造需要在一定条件的基础上，初步拟定结构组合方案：调查研究区域的降雨资料、土壤渗透性、地下水位高度等；选定一种或几种海绵型结构组合方案，确定各结构层的材料类型；以各材料层渗透性的大小，确定各结构层的渗透系数从上向下逐步递减，依据透水铺装的渗透原理，进行下一步设计。在确定结构组合方案的基础上，结合区域降雨资料，对各个结构层厚度进行初步确定和透水功能设计。最后以SWMM等软件对构建的海绵型运动场的透水保水性能进行数值验证。

3. 海绵校园停车场

尽管校园内的停车压力比城市中的停车压力小了很多，但是随着经济的发展，教师的小汽车拥有数量快速增长,学生的交通工具也从以自行车为主逐渐转向车速更快的两轮电车,因此,校园停车场的需求与日俱增。校园停车场同社会停车场一样,应满足最基本的停车位数和便捷性。随着停车场地面积增大,雨水管控措施也可应用在传统停车场设计中。校园的机动车停车场多以地下停车场、地面集中停车、地面分散停车(路边停车位)为主。因此,海绵校园停车场应引入路边停车与雨水花园等LID设施组合形式的设计,可以使雨水径流先经过一个短暂蓄积、充分下渗、截污净化的过程,不仅给雨水管网减压,而且减轻对下游河流的污染。

4. 校园广场海绵化雨水利用实例

福建理工大学鼓山校区的部分广场、球场等大规模采用了透水铺装,主要包括透水混凝土、透水砖和透水沥青三种铺装形式,通过颜色变化丰富景观空间,同时增强场地雨水渗透性,降低雨水径流量(图5-11)。校园范围内的停车场,自行车停放区等均采用了透水砖停车位,既便于雨水下渗,又保证了路面的强度。以运动休闲区为例,校园海绵化建设措施除了常见的景观廊架、景观栈道、景观湿塘和雨水花园等之外,还设立了色彩鲜艳的透水羽毛球场和透水篮球场,塑胶场地之间以透水混凝土路面相连通,其

图5-11彩图

※图5-11　海绵校园广场

(a)篮球场;(b)羽毛球场;(c)跑道;(d)透水路面

间点缀部分景观种植池。海绵化改建后的透水运动场，不仅可以提高跑道的使用安全性和场地的使用效率，避免因积水导致的场地湿滑，同时有助于吸收噪声、降低对周边环境的噪声干扰功能；而且有助于提升运动舒适性、提高运动效率、增强运动安全性、提高运动参与度和运动体验。校园内的透水塑胶铺装由5～6层组成，最上层为喷塑彩色透气塑胶面层，第二层为透水塑胶底层，第三层为粗颗粒透水混凝土基层，第四层为厚级配碎石垫层，最后一层为透水无纺土工布，底部由素土回填分层扎实，具有良好的透水透气性能。通过海绵化改建，校园的场地利用率大大提升，在最大限度地对现有条件进行利用的基础上，增强场地的雨水渗透能力和雨水利用能力，达到2%的雨水利用率或10%的自来水替代率，实现75%的年径流控制率和45%的面源污染控制率，同时改善了师生的生活环境，提升了整体景观品质。

5.3.4　校园景观水系与植物选配

现代高校校园的建设，为了提高绿化率营造优美的校园环境，大多增加了景观绿化并设置景观湖。景观绿化和人工湖不仅美化了环境、改善了校园的微气候，更是雨水集蓄的重要载体，也能体现校园这种特殊场所的精神文化价值。

1. 校园景观水系

传统校园景观湖的设置相对孤立，只能汇入周边缓坡的雨水径流，若校园道路、建筑、广场等场地设置不合理，则容易将流向湖水的雨水径流切断，导致景观湖的汇集雨水的作用有限。

海绵校园的景观水系可以充分发挥其LID的作用，实现良好的雨水调蓄功能，还能将雨水的生物净化与人工净化相配合，低成本实现雨水的回收利用。景观湖要具有基本的LID设施组合功能，例如，在进水口、溢水口外侧应设置植被缓冲区、碎石缓冲区及消能坎等设施，来避免雨水冲刷、侵蚀堤岸；在水深较浅的区域，可以采用混凝土或砖石作池底，以方便清污。若景观湖同时具备主塘和前置塘，则塘间可设置溢流坝，保证主塘具有一定常水水位，暴雨时前置塘又能容纳多余的雨水。景观湖底可以设置净化及储水设施，雨水回收可用于道路路面、广场地面的冲洗，以及周围植物的灌溉。景观湖的驳岸可采用软硬驳岸协调应用的方式，在雨水汇流区可以采用生态驳岸，对雨水进行初步截污净化，需要注意在较深水位处应设置护栏及警告措施。此外，由于初期地表径流中含有较多有机物和无机尘土，因此，应将其排入城市雨水管道，不直接排入景观水体，防止景观水体的淤积或水体污染。

关于校园人工景观水系雨水管控与利用，浙江大学国际校区中心湖是个很好的实践案例。该湖是校区内部主要的雨水储蓄区，常水位标高2.7m，中心湖面积约6.8万m²，校区其余面积约60万m²，地块径流系数按0.65计算，中心湖湖水每调蓄0.44m，即可缓解校区50mm的暴雨量。中心湖通过南北两处闸门和泵站灵活控制内部水系水位，从而降低洪峰流量，在提高防涝能力的同时，减少外排污染物负荷。当校区内水位较高时，雨水从北闸门泄流。当降雨强度超过一定程度，且通过自排水无法及时排出时，通过设置在北闸门附近的排涝泵站，以强排的方式将校区内雨水排至北侧湿地公园内，雨水经湿地公园预处理后，沿两侧城市河道流动，再与鹃湖汇合。南北两处闸门同时设计了定期换水系统，保证了校区景观水系水质和水温的稳定。将雨水收集至中心湖后，再通过水泵将湖水抽至位于湖东综合体地下室的雨水收集机房，经过净化处理后分两套系统分别输送至教学北区卫生间，用于冲厕以及室外绿化浇灌或道路浇洒。

2. 校园植物选配

在海绵校园的建设中，植物扮演着重要的角色，不仅有助于提高雨水的滞蓄能力，控制径流量，也可以通过吸收、过滤和下渗作用，改善雨水水质，减少污染，进而起到涵养水源，改善校园水文环境，以及提升校园景观的效果。

植物的选取主要依据以下原则：

海绵校园植物
选配参考表

（1）适地适树

根据项目所在地的气候条件、土壤类型、降雨量等因素，选择适合在该地区生长的植物种类。例如，在降水量较少的地区，应选择对水分需求较低的植物，避免出现因植物养护不到位而导致的枯萎等情况。

（2）本土植物优先

优先选用适应场地环境的本土植物，因为本土植物对本地的适应能力强，维护成本低，构建的生态群落稳定。同时，慎用外来物种，避免给已经建立起来的生态系统造成严重冲击，给管理维护带来压力。

（3）根据设施条件选择

根据雨水设施的滞水深度、滞水时间、种植土性状及厚度、进水水质污染负荷等设施条件，选择耐淹、耐旱、耐污染、耐盐碱，并能适应土壤紧实等各种不利环境条件的植物。例如，在雨水花园中，可以选择金鱼藻、水葱、梭鱼草等沉水植物和沼生植物，能够净化水质，吸收污染物，减缓水流速度。

（4）丰富物种搭配

根据场地景观美学要求，结合植物的生物学特性和观赏特性，丰富物种搭配，提高群落稳定性。例如，在同一个地区种植多种不同种类的植物，可以使群落更加稳定，提高生态价值。

（5）结合场地周边条件

植物的选择要充分与周边环境相协调，例如在道路两侧种植行道树，在公园中种植观赏植物。

　　海绵校园是海绵城市的一个缩影，海绵校园建设是推动经济社会可持续发展的重要举措之一，海绵校园的雨水管控与利用的实践，是最科学、最大限度地将降雨转变为水资源，不仅可以及时、快速地处理地表径流，降低降水对城市的危害，而且可以优化自然资源利用，为市政给水排水减轻压力，同时极大增加了可利用的非常规水源数量，促进水资源的循环利用，这些，将越来越成为节约型社会、节约型校园建设的重要力量。

高校作为城市公共用水大户，是构建节水型社会的重要组成部分。实现高效率节水是一项系统工程，科学管理是关键要素之一。高校要从节水管理制度、合同节水管理模式、节水推广及节水型高校评价等方面深化节水管理，以提升节水型高校建设水平和高质量发展。

6.1　高校节水管理制度

节水制度对节水行为具有强烈的引导及规范作用，高校应当依据相关法律法规及政策要求，制定各种节水管理规章制度，使节水管理制度化、规范化、常态化，例如计划用水管理制度、日常用水管理制度、节水目标考核制度等，促使节水工作高效开展。科学的管理制度可以简化管理过程，提高管理效率，保证节水工作稳步落实。

6.1.1　节水管理体制和职责

1. 高校节水管理机构体系

节约用水工作涉及各行各业，是一项系统工程。高校节水管理机构体系是在国务院的统一领导下，形成国家节水管理机构和高校相关行政主管部门协同统筹指导、协调推进的节水管理机构体系（图6-1）。

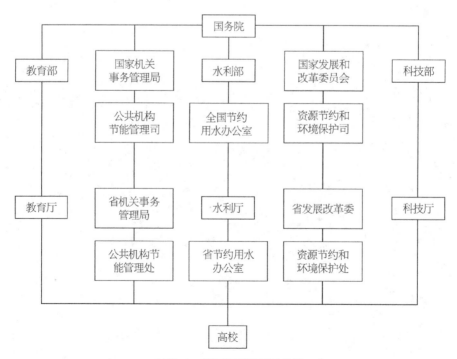

※图6-1　高校节水管理机构体系

1998年我国成立了由水利部牵头，国家经济贸易委员会、建设部等部门共同参与的全国节约用水办公室，作为国家节水管理机构，统筹领导、指导部署、协调推进各级、各地区节水管理工作。2018年，全国节约用水办公室成为水利部独立的内设机构，各省级水利部门内部也设置了独立的节水机构，为更好地履行节水管理职责奠定了基础。全国节约用水办公室主要职能包括拟订节约用水政策，组织编制并协调实施节约用水规划，组织指导计划用水、节约用水工作；组织实施用水总量控制、用水效率控制、计划用水和定额管理制度；指导和推动节水型社会建设工作；指导城市污水处理回用等非常规水源开发利用工作。

2021年，水利部牵头，会同有关部门建立了节约用水工作部际协调机制，有关部门包括国家发展和改革委员会、教育部、科技部、工业和信息化部、司法部、财政部、自然资源部、生态环境部、住房和城乡建设部、交通运输部、农业农村部、商务部、国家卫生健康委员会、中国人民银行、国家税务总局、国家市场监督管理总局、国家统计局、国家机关事务管理局、国家能源局办公厅（办公室、综合司）。节约用水工作部际协调机制主要职责包括组织贯彻落实党中央、国务院关于节约用水工作的重大决策部署、协调各有关部门落实《国家节水行动方案》、协调解决节水工作中的重大问题、审定协调机制年度工作要点、研究其他相关重要工作。协调机制办公室设在水利部全国节约用水办公室，承担协调机制的日常工作。协调机制原则上每年召开1次全体会议，研究审议协调机制年度工作要点，并明确各项工作要点的主要负责部门，如水利部、教育部、国家机关事务管理局牵头负责推动节水型高校建设；国家机关事务管理局、国家发展和改革委员会、水利部负责组织开展公共机构水效领跑者申报和评审；科技部负责推动节水相关专项研发任务部署工作等。

2. 高校节水管理架构及相关职责

为更好推动落实节水工作，许多高校成立节水管理机构，进一步理顺学校的节水管理体制。以福建理工大学为例，在校党委的领导下，学校成立节水工作领导小组、节水办公室等负责领导、协调、监督和推进落实用水节水管理工作（图6-2）。

（1）节水工作领导小组的职责

1）研究和贯彻执行国家和地方用水节水相关法律法规。

2）负责学校节水的统一规划和总体部署。

3）负责用水节水管理办法及用水定额测算等相关节水政策的制定和修订。

4）负责全校各单位每年用水指标的确定。

5）检查、督促全校的节水工作。

6）负责重要用水节水项目的审核与实施。

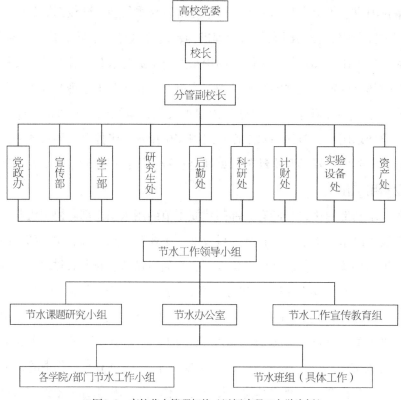

※图6-2 高校节水管理架构（以福建理工大学为例）

（2）节水办公室工作职责

福建理工大学节水工作领导小组下设节水办公室（挂靠后勤管理处），负责用水节水的日常协调、指导和监督管理工作，职责包括：

1）宣传和实施国家有关用水节水管理的方针政策及规定。

2）落实、部署全校节水相关工作并上报节水工作领导小组。

3）编制学校的节水计划和节水方案。

4）组织召开节水管理工作会议，研究节水重大问题。

5）负责对学校各单位节水工作进行考核。

（3）节水班组工作职责

福建理工大学节水班组（挂靠后勤管理处能源管理中心）负责用水节水管理的日常工作，职责包括：

1）保障水的正常供应，为教学、科研和师生员工生活服务。

2）参与用水规划和基础设施建设计划。

3）负责用水设施的管理、运行和维护。

4）受理单位和个人用水申请，办理过户和销户手续。

5）负责用水计量收费。

6）对违章用水行为进行处理。

7）负责与地方水行政主管部门的协调和联系。

8）加强节水宣传，积极推广和使用节水新技术、新产品。

节水工作需要学校各用水部门、用水单位的积极配合和主动参与，福建理工大学各二级单位均相应成立节水工作小组，由单位行政主要领导任组长，负责本部门、单位的用水日常管理工作，制定相应的用水管理办法及节约措施，监督单位内部各用户的用水情况。

节水管理工作是全面综合的管理工作，不仅需要懂管理的人，也需要懂技术的人。在节水管理队伍建设上应注重以下几方面：充实管理队伍，助力日常管理，如建设以后勤管理人员为主体的管理队伍，建设以专业技术人员为主体的技术支持队伍，建设以后勤服务人员为主体的节水队伍，建设以学生社团为主体的绿色环保队伍；明确各管理人员的职责，《公共机构节水管理规范》GB/T 37813—2019指出，公共机构应设立用水节水管理岗位，明确职责并配备相应的资源；加强管理人员的培训，提高节水管理人员的管理水平。

6.1.2　计划用水管理制度

计划用水管理制度是用水管理的一项基本制度，高校可根据水资源情况、用水需求、用水定额等制定科学合理的用水计划，并按照用水计划合理安排使用水资源。2023年5月30日，水利部召开加强高校计划用水管理工作视频会议，要求深入贯彻落实习近平总书记重要指示批示精神，加快推进节水型高校建设，严格计划用水管理和用水定额约束，切实解决用水粗放、浪费严重问题。由此可见计划用水管理制度的重要性。

1. 用水计划

（1）用水计划制定原则

2014年11月5日，为深入贯彻中央节水优先方针，落实最严格水资源管理制度，全面推进节水型社会建设，强化用水单位用水需求和过程管理，提高计划用水管理规范化精细化水平，根据《中华人民共和国水法》和《取水许可和水资源费征收管理条例》等法律法规，水利部制定了《计划用水管理办法》，该办法明确指出，对纳入取水许可管理的单位和其他用水大户（该办法中统称用水单位）实行计划用水管理，并规定了用水计划制定原则：

1）用水单位的用水计划由年计划用水总量、月计划用水量、水源类型和用水用途构成。年计划用水总量、水源类型和用水用途由具有管理权限的水行政主管部门（该办法中简称管理机关）核定下达，不得擅自变更。月计划用水量由用水单位根据核定下达的年计划用水总量自行确定，并报管理机关备案。

2）用水单位应当于每年12月31日前向管理机关提出下一年度的用水计划建议；新增用水单位应当在用水前30日内提出本年度用水计划建议。

3）用水单位提出用水计划建议时，应当提供用水计划建议表和用水情况说明材料。用水计划建议表由省级人民政府水行政主管部门自行确定。用水情况说明应当包括用水单位基本情况、用水需求、用水水平及所采取的相关节水措施和管理制度。

4）对以下情况执行计划用水总量核减或超计划用水收费：①用水单位具有下列情形之一的，管理机关应当核减其年计划用水总量：用水水平未达到用水定额标准的；使用国家明令淘汰的用水技术、工艺、产品或者设备的；具备利用雨水、再生水等非常规水源条件而不利用的。②用水单位月实际用水量超过月计划用水量10%的，管理机关应当给予警示。用水单位月实际用水量超过月计划用水量50%以上，或者年实际用水量超过年计划用水总量30%以上的，管理机关应当督促、指导其开展水平衡测试，查找超量原因，制定节约用水方案和措施。③用水单位超计划用水的，对超用部分按季度实行加价收费，有条件的地区，可以按月或者双月实行加价收费。

（2）高校用水计划制定

高校用水人员和用水规模集中，是服务业领域的用水大户，按照《计划用水管理办法》，应该实行计划用水管理。因此，高校每年应根据《计划用水管理办法》的相关规定及高校用水定额，并结合自身用水情况，例如学校各用水单元的用水情况、不同月份的用水规律等，制定合理的用水计划并向上级管理机关提出用水计划建议，更好地保障用水量的达标。

同时，高校还应根据用水计划制定具体的节水规划，以减少学校的用水量。根据自身供水格局、用水情况、漏损率等情况，确定合理的节水目标，并制定具有针对性的节约型校园建设总体规划和年度计划，科学合理地安排建设资金的使用，如精心选择节水对象，以获得最大节约效益，进而推动节水工作顺利开展，深入贯彻落实节水目标，提高水资源使用效益。

2. 用水定额

（1）用水定额的意义

用水定额的定义，从广义概念讲，是指在一定时间内、一定约束条件下，在一定空间范围内按一定核算单元所规定的用水数量限额（上限值）；从管理角度讲，是指为促进节水而人为设置的一种衡量标准或考核指标，表征着管理部门要求用水户达到的现状用水水平，需要随着科技水平的进步、节水水平和管理要求的提高、区域水资源条件变化等综合因素及时进行动态调整。

定额管理作为水资源管理的基本制度，是实行最严格水资源管理制度的手段和工具，也是核定科学用水的重要依据。确定科学的用水定额不仅可以规范用水，更重要的是可以引导全社会提高用水效率，进而实现水资源的可持续利用。用水定额的制定一定要科学、合理，即在制定时有充分的依据，并且保证在经济和技术上是合理的，在不影响使用的前提下是可以实现的。过高的定额形成不了节水压力，激发不了节水的积极性，过低的定额则会造成逆反心理，同样也达不到节水的目的。

（2）高校用水定额

水利部及各个省市的相关部门为高校制定了相应的高校用水定额。水利部在2019年发布了三项服务业用水定额——《服务业用水定额：学校》《服务业用水定额：宾馆》和《服务业用水定额：机关》，首次在全国范围对服务业领域用水进行严格约束，以提高用水效率。《服务业用水定额：学校》中用水定额分为先进值、通用值两级指标。先进值用于学校新建（改建、扩建）项目的水资源论证、取水许可审批和节水评价，通用值用于现有学校的日常用水管理和节水考核（表6-1）。用水定额强化了用水的差异化管理，在区分南方和北方地区基础上，进一步划分为不同类别，突出用水精细化和过程管理。这对完善我国用水定额标准体系，指导学校用水定额的使用和管理、促进其节水技术进步、提高其用水效率等具有重要意义。

学校用水定额 表6-1

分区	学校类别	先进值 ［m³/（人·a）］	通用值 ［m³/（人·a）］
北方地区	高等教育	33	50
	中等教育	10	14
	初等教育	8	11
南方地区	高等教育	45	85
	中等教育	15	26
	初等教育	11	18

注：北方地区指北京、天津、河北、山西、内蒙古、辽宁、吉林、黑龙江、山东、河南、陕西、甘肃、宁夏、新疆14个省（自治区、直辖市），其他省（自治区、直辖市）为南方地区，包括江河源头区的青海省和西藏自治区。《服务业用水定额：学校》指出高等教育学校标准人数年均用水量=学校年用水量/高等教育学校标准人数。学校年用水量（包括教学楼、办公楼、食堂、宿舍、浴室、实验室、体育场馆、图书馆、景观绿化、附属设备等与办学相关的用水量，不包括学校附属的子弟学校、家属区、宾馆等用水量），单位为m³/年；高等教育学校标准人数=全日制统招生人数+留学生人数+0.5×教职工人数（在编在岗教职工和工作时间超过半年的非在编人员），单位为人。对外培训用水量另计，实际培训人数和培训天数由学校提供有关证明材料。用水量达到一定规模的实验室用水量可另计，具体规模由省级人民政府水行政主管部门确定。

由于各个省水情的不同，各省因地制宜，为不同行业制定了用水定额，包括高校的用水定额，不同省市对高校的用水定额值的制定存在较大区别，包括用水定额单位的使用，大部分省份使用与《服务业用水定额：学校》

不同省市高校
用水定额

相同的单位，也有部分省份使用L/（人·d）为单位。高校中部分省份对用水量所包含的场所与水利部《服务业用水定额：学校》的规定略有不同，如游泳池、绿地、实验室等，其用水定额可参照住房和城乡建设部发布的国家标准《建筑给水排水设计标准》GB 50015—2019（2020年3月1日实施）中的用水定额要求。高校在制定用水计划、节水规划、开展节水考核等工作时，应严格以水利部及各省市制定的高校用水定额等指标为约束。如节水改造后用水量仍大于规定的定额值，则要继续寻求好的技术方案实行改造。

6.1.3　日常用水管理制度

为了更好地进行高校日常用水管理工作，许多高校制定了相应的日常用水管理制度，例如用水计量收费管理制度、用水设施管理制度、违规用水处理规定等。

1.　用水计量收费管理

相关调查研究结果表明，不同的用水收费制度会有不同的节水效果，无需缴纳水费的用水管理制度所产生的人均耗水量最大；而给予一定补贴，超额后需缴费的用水管理制度最能为广大学生所接受，且节水效果相对较好。因此推行单位和个人用水全面计量、超额计费的管理办法有助于增强节水的效果。具体来讲，该管理办法是指学校将用水指标细化分到各单位和个人，指标内的用水费用由学校承担，超过指标的部分由超标单位和个人自负。

学校可根据用水定额给予单位及个人合理的用水指标，激励单位及个人进行节水。在管理技术上，可通过计量水表、校园卡或一卡通对用水量进行统计，采用智能化管理分析系统，分析用水量，考察实际用水量与用水指标的偏差，调整制定最优的用水指标及计费价格。

2.　用水设施管理

定期巡查和维护用水设施设备，可以及时发现浪费水资源现象，减少管道跑冒滴漏、"长流水"等浪费问题。学校节水机构要定期对地下供水管网进行漏损检测，或利用数字化节水监管平台进行实时监测。发现有跑冒滴漏现象及时通知后勤中心维修，并落实节水维修负责人。及时更换和维护老旧管道，减少管网漏损。学校应调拨专门资金对陈旧节水设备进行改造或更新，积极引入数字化节水技术，以提高节水效益。

3.　违规用水处理

学校要对一些违规用水行为制定具体的处理规定，以引导单位及个人的用水行为。违规用水行为包括但不限：无故造成水资源大量浪费；擅自改变原有自来水管道设计或未经批准私自在学校公共自来水管道上接水；绕越水表用水或采用其他方法使水表计量不准；伪造或启动水表封印，私自更换水表；不按时缴纳水费；故意破坏用水设施设备等。要对违规用户进行相应处罚，如罚款、要求用户限期整改、通报批评、追回水电费（含滞纳金）、停水或纪律处分等。同时，要采用表彰、奖励等方式，鼓励对这些违规行为进行及时的举报、劝阻、揭发等。

6.1.4　节水工作考核制度

用水情况的考核对节水工作的实际效果起着十分重要的作用。高校应制定并实施节水工作考核制度，将节水目标纳入学年（期）工作目标考核和表彰奖励范围，定期对用水、节水情况进行考核评价，实行用水责任制，责任到人，同时，引进数字节水技术使节水工作考核更加便捷精准。根据考核结果调整节水工作部署。根据实际需要，考核的内容可以包括以下几方面：

1. 对用水量的考核

严格按照用水指标来考察各楼的用水量，设立奖罚机制，与用水责任户的荣誉、绩效挂钩，对于超指标的用水责任户要求其分析原因，如果是执行过程中的问题要提出解决方案，如果是指标制定不合理，通过评审后，可进行修改，务必使节水工作落到实处。

2. 对用水记录的考核

用水记录要真实、准确、规范、科学归档，及时上报上级部门布置的各类统计报表，做好备案工作。同时对于水表情况进行考核，保证装表率在100%，并及时进行更换，保证完好率100%。对于有信息化节水监管平台的高校应及时维护平台，保障用水记录的完整。

3. 对管网、用水设备的考核

定期对全校范围内的供水管网和用水设备全面进行检查和维修。设立排除故障责任制即规定接到报修必须立刻派人前往修复，其业绩与绩效挂钩。数字化节水技术的引进可以实现对用水量的实时监控，从而使供水管网和用水设备的检查更加便捷，也能减少对人力的需求。

6.2　高校合同节水管理

我国高校具有数量较多、用水集中、用水量大等特点，因此，高校节水项目的开展具有显著的节水效益和社会效益。然而，传统高校节水改造项目存在资金来源单一、施工复杂、投资大等问题，易造成高校财政紧张、节水改造困难的局面，制约高校节水事业的发展。合同节水管理模式的采用可以有效应对高校在资金、技术及管理方面的困难，推动高校节水事业高质量发展。

6.2.1 合同节水管理

1. 合同节水管理的概况

合同节水管理概念源于合同能源管理。20世纪70年代世界石油危机后，合同能源管理在欧美和一些发展中国家逐步发展起来，它通过节能服务公司与客户签订节能服务合同，为客户提供节能改造等相关服务并从中获益。我国从20世纪90年代末开始引进和推行合同能源管理。

为落实习近平总书记"节水优先，空间均衡，系统治理，两手发力"的新时代治水思路，水利部在总结借鉴合同能源管理的基础上，在2014年提出了合同节水管理的概念。合同节水管理，其实质是通过引入社会化的节水服务企业参与项目的节水改造，节水服务企业和用户通过协议约定节水目标后，由节水服务企业提供技术服务和资金支持，通过分享节水收益或合同双方约定的方式收回成本，并获得利润的一种新型节水服务模式。

合同节水管理的概念提出后，水利部组织在全国范围内的不同领域开展了合同节水试点工作，河北工程大学合同节水管理项目等试点取得了成功并受到社会各界的认可，"合同节水管理"也立即上升为国家节水战略。

2015年10月，党的十八届五中全会通过的《中共中央关于制定国民经济和社会发展第十三个五年规划的建议》中，首次正式提出"推行合同节水管理"。

2016年8月，国家发展和改革委员会、水利部、税务总局联合印发《关于推行合同节水管理促进节水服务产业发展的意见》（发改环资〔2016〕1629号），明确"到2020年，合同节水管理成为公共机构、企业等用水户实施节水改造的重要方式之一"，指出"各地、各有关部门要利用现有资金渠道和政策手段，对实施合同节水管理的项目予以支持"，为合同节水管理的发展提供了政策支持。

2017年1月17日，国家发展和改革委员会、水利部、住房和城乡建设部联合发布《节水型社会建设"十三五"规划》，提出要推进合同节水管理。建立健全激励机制，通过完善相关财税政策、鼓励金融机构提供优先信贷服务等方式，引导社会资本参与投资节水服务产业。落实推行合同节水管理，促进节水服务产业发展，发布操作指南和合同范本。在重点领域和水资源紧缺地区，建设合同节水管理示范试点。

2019年4月，国家发展和改革委员会及水利部联合发布的《国家节水行动方案》再次强调要推动合同节水管理：创新节水服务模式，建立节水装备及产品的质量评级和市场准入制度，完善工业水循环利用设施、集中建筑中水设施委托运营服务机制，在公共机构、公共建筑、高耗水工业、高耗水服务业、农业灌溉、供水管网漏损控制等领域，引导和推动合同节水管理。

2019年8月,《水利部　教育部　国家机关事务管理局关于深入推进高校节约用水工作的通知》(水节约〔2019〕234号)发布,要求各高校要积极探索应用合同节水管理模式,拓宽资金渠道,调动社会资本和专业技术力量,集成先进节水技术和管理模式参与高校节水工作。

2021年10月,国家发展和改革委员会等部门印发《"十四五"节水型社会建设规划》,要求推广第三方节水服务。探索节水、供水、排水和水处理等一体化运行管理机制。在城市公共供水管网漏损治理、公共机构、公共建筑、高耗水工业、高耗水服务业等领域推广合同节水管理。鼓励第三方节水服务企业参与节水咨询、技术改造、水平衡测试和用水绩效评价。规范明晰区域、取用水户的初始水权,控制水资源开发利用总量。规范水权市场管理,促进水权规范流转。在具备条件的地区,依托公共资源交易平台,探索推进水权交易机制。创新水权交易模式,探索将节水改造和合同节水取得的节水量纳入水权交易。

2023年7月,水利部等9部门发布《关于推广合同节水管理的若干措施》,提出推广合同节水管理15项措施。合同节水管理是发展节水产业的重要抓手,该文件的出台将为推动节水创新链、产业链、资金链、政策链融合发展创造有利条件,形成"两手发力"快速发展新态势,培育新的经济增长点。

关于推广合同
节水管理的
若干措施

2023年9月,《国家发展改革委等部门关于进一步加强水资源节约集约利用的意见》(发改环资〔2023〕1193号)发布,指出将节水改造和合同节水管理取得的节水量纳入用水权交易,推动非常规水源市场化交易。再次强调在公共机构、高耗水行业、供水管网漏损控制等领域推广合同节水管理。

2023年12月,教育部、水利部和国家机关事务管理局联合印发《全面建设节水型高校行动方案(2023—2028年)》,提出充分发挥市场机制作用,鼓励高校引入社会资本和专业力量,采用合同节水管理实施节水改造及长期运维管理。

有利的社会环境和政策导向为合同节水管理创造了良好的发展空间。近年来,一些地区和部门积极探索市场机制以提升用水效率,并选择高校、现代化农业灌区、旅游服务业等领域为试点开展合同节水管理的实践探索,有效调动了公众节水积极性。

2. 合同节水管理模式的主要类型

(1)节水效益分享型

节水效益分享型是指节水服务企业和用水单位,按照合同约定的节水目标和分成比例收回投资成本、分享节水效益的模式(图6-3)。该模式作为合同节水管理的主要方式,适用于高耗水工业、公共机构等大部分用水单位。

2014年,水利部综合事业局遴选河北工程大学为合同节水管理全国首所试点高校,

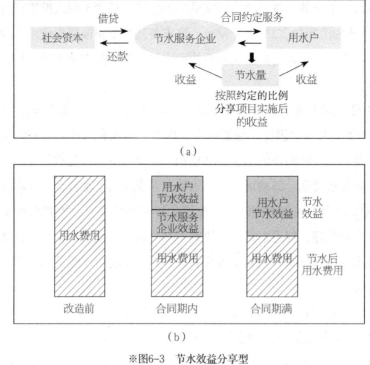

※图6-3　节水效益分享型

（a）合同节水管理运行框架图；（b）合同节水管理项目效益分享机制

注：条纹背景为用水户支付费用，合同期内用水户和节水服务企业按比例共享节水效益，合同期满后用
水户独享节水效益。

双方签订了合同节水管理（试点）协议，采用合同节水管理的节水效益分享模式，共享合作收益。2019年，福建理工大学通过公开招标投标方式，与福水智联技术有限公司签订福建理工大学旗山校区合同节水管理项目合同。合同期为10年，合同总金额为2494万元，采用节水效益分享模式，按合同约定比例分享节水效益，项目包含生活供水管网和消防管网改造、节水器具安装改造、节水监测平台建设等内容。经过节水改造，校区用水量逐月下降，实现日均节水量约2000m³，年节水量约90万m³，节水率超过42%，节水效果显著。

（2）节水效果保证型

节水效果保证型是指节水服务企业与用水单位签订节水效果保证合同，达到约定节水目标的，用水单位支付节水改造费用；未达到约定节水目标的，由节水服务企业承担合同确定的责任（图6-4）。该模式主要适用于生活服务业、灌区改造、企业日常改造、中小型公共建筑改造等周期较短、特殊水价、节水量较小、工程技术较为简单的用水户。

图6-4（b）（c）阐明了合同节水管理效益分享机制，图中条纹背景为用水户支付费用。若达到约定节水目标（图6-4b），即用水费用≤目标用水费用，合同期间用水户支付用水费用及节水改造费用，合同期满后支付用水费用；若未达到约定节水目标（图

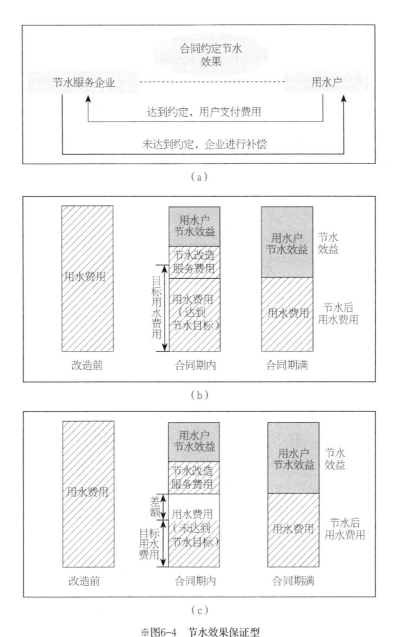

※图6-4　节水效果保证型

（a）合同节水管理运行框架图；（b）（c）合同节水管理项目效益分享机制

6-4c），即用水费用＞目标用水费用，合同期内节水服务企业做出相应补偿，可按用水费用和目标用水费用之间差额的1.0～1.5倍进行赔偿（白色背景部分为差额），合同期满后用水户支付相应的用水费用。

2017年，南京体育学院与江苏苏科环境科技咨询有限公司签订"节水效果保证型"合同节水试点项目合作协议，开展合同节水工作，合同期为3年。预计通过3年时间完成每年合同节水总量不低于2万m³，且用水单耗年均降低不少于4%的目标。经过合同节水项目实施，年用水量下降约15万m³，用水单耗下降超15%。

（3）用水费用托管型

用水费用托管型是指用水单位委托节水服务企业进行供用水系统的运行管理和节水改造，并按照合同约定支付用水托管费用。该模式下，用水户的用水费用由节水服务企业向供水部门支付，节约的水越多，节水服务企业代缴的水费越少，能够得到的效益也就越好（图6-5）。而对于用水户来说，只需约定一个比合同节水管理前所需缴纳水费少的用水托管费用，并提出供水保障需求。这种模式适合会计制度更为灵活的用水户。

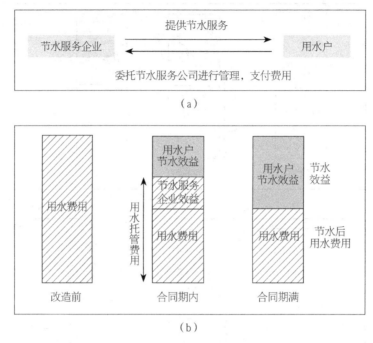

※图6-5　用水费用托管型

（a）合同节水管理运行框架图；（b）合同节水管理项目效益分享机制

注：条纹背景为用水户支付费用，用水托管费用在合同中约定，由用水户支出，包括用水费用及节水服务企业效益，用水费用越少，则节水服务企业效益越高。

2018年8月，南京外国语学校仙林分校与中国联通南京分公司正式签署"南京智慧校园DMA分区计量物联网管理系统与合同节水服务合同"。合同节水模式采用"用水费用托管型"，合同期为期10年，合同总金额950万元。2017年该校用水量超过30万m^3，产生水费95.7万元，产生超计划累进加价水费25万元，全年校园管网修漏成本支出近10万元，全年总支出130.7万元，此费用还不含雨水回收设施的改造费用。合同签订后，作为甲方的南京外国语学校仙林分校，每年支付乙方中国联通南京分公司95万元，相当于帮助该校每年节约35.7万元的综合用水成本，此部分效益为甲方享有；乙方在服务期内采取全方位的节水服务，全面管理校园用水情况，通过管道维修、雨水资源利用等节水手段，全面控制漏损率，降低校园的自来水耗水量，每年95万费用除去乙方替甲方缴纳其正常情况下用水产生的水费、管网修漏费、DMA系统维护费等费用外，剩余的部分为节水修漏后节约水量所产生的效益，由乙方享有。实施合同节水后，以2017年为基期计算，截至2022年9月，累计节水8.7万m³，共计节约水费28万元（按照教育水价计算），其中用水量最大的月份同比节约水费4万元，平均节水率达27.4%。据测算，预计十年共可节约用水支出320万元，年均节水率近30%，用水单耗下降超过20%。

（4）其他类型

其他类型，如创新型合同节水管理模式。其是指由公共机构节能主管部门主导和搭建平台，指导公共机构和节水服务企业签订合同，由节水服务企业负责募集资金，采用先进的节水设备和技术，对公共机构中公共卫生间男士小便区进行节能改造，并负责后期运维管理及针对废弃物（尿液）进行收集和回收处理，完全区别于上述的三种模式，达到公共机构节约用水和提升管理水平的一种新型合同节水管理模式。

该模式是河北省机关事务管理局积极与相关节水服务企业，在深入探讨合同节水的新路径、新模式中形成的。河北省水利厅联合省机关事务管理局、省教育厅在公共机构中积极推广创新型合同节水管理模式，并取得了显著成效。截至2021年底，已经通过"创新型合同节水管理模式"实施节水改造的高校15所，节水服务企业投资额2207.47万元，节水量191.83万m³/年，直接经济效益1033.03万元/年。

3. 合同节水管理的特点

合同节水管理的本质特点体现在以下3个方面：一是项目投资成本按照节水服务企业与用水户之间约定的比例，由节水服务企业单独承担或共同承担；二是通过节水服务企业集成专业化的节水技术和管理服务，为用水户实现预期的节水目标；三是在合同期内双方按约定比例分享节水效益，或由用水户向节水服务企业支付一定费用。合同到期后，所有节水改造设备设施所有权无偿移交给用水户，之后所产生的节水收益全部归用水户所有。

6.2.2　高校在合同节水项目中的主要职责

为满足高校和节水服务企业实施合同节水项目的需要，中国水利学会、中国教育后勤协会联合发布《高校合同节水项目实施导则》，用于指导高校和节水服务企业等参与各方实施合同节水项目。高校合同节水项目实施主要包括项目准备、项目实施、项目验收、运营维护、节水量核定和效益分享，以及项目移交等内容，高校在合同节水项目中的主要职责包括以下几个方面：

1. 项目准备工作

项目准备工作可由高校自行或委托第三方专业服务机构开展，包括以下几项工作：

（1）用水现状调查：可参考《用水单位用水统计通则》GB/T 26719—2022、《公共机构合同节水管理项目实施导则》T/CHES 20—2018进行。

（2）节水潜力分析：参照《节水型高校评价标准》T/CHES 32—2019、《绿色校园评价标准》GB/T 51356—2019及属地水行政主管部门下达的用水计划和地方高校用水定额。

（3）可行性评估报告。

2. 遴选节水服务企业

高校应依据政府采购、招标投标等有关法律法规及地方相关规定，根据项目类型和资金额度确定项目采购方式，遴选节水服务企业。

3. 签订合同

合同应包含下述内容：项目边界与范围、合同期限、节水基准与节水目标、商务模式、收益分享或费用支付（根据不同模式进行具体约定）、质量控制与验收、资产移交、双方权利与义务、合同变更、风险控制、违约责任、争议解决。

合同节水管理模式的选取和采用需要双方根据项目的具体情况协商确定。节水效益分享模式合同可参照《合同节水管理技术通则》GB/T 34149—2017；节水效果保证模式、用水费用托管模式可参照《高校合同节水项目实施导则》T/CHES 33—2019的附录A和附录B。

4. 项目监督

在施工管理中监督项目安全、质量和进度，协调、落实项目实施过程中的有关问题，可按照相关规定和项目改造要求，聘请监理（或第三方）负责项目实施过程中质量和进度控制。项目如根据实际情况需要发生调整变更，商议达成一致方可变更。

5. 项目验收

（1）分项验收

1）高校合同节水项目在各分项子系统完成后由监理单位（或第三方）组织分项验收，分项验收依据相关的验收标准进行。

2）各分项子系统验收合格后，可作为项目投入使用验收的一部分，不再重新进行验收。

（2）投入使用验收

1）项目施工完成并经过调试、正常运行1个月后，由节水服务企业向高校提出投入使用验收申请，并提交相关验收材料。

2）高校组建由本校节水主管部门、相关专业专家、监理以及节水服务企业人员等组成的验收组，按照合同约定及技术方案，对项目完成内容及设备投入使用进行验收。

6. 运营维护

合同期内运营维护由节水服务企业组织实施，节水服务企业应根据不同的合同节水管理模式、项目集成技术特点及合同约定成立运营管理部门，或与学校联合组建运营部门共同开展运营维护管理，保障系统在运营过程中最大限度地发挥节水效益。

7. 节水量核定及效益分享

（1）节水量核定

1）项目节水量计算参照《项目节水量计算导则》GB/T 34148—2017进行。

2）项目节水核查参照《公共机构合同节水管理项目实施导则》T/CHES 20—2018进行，可由高校与节水服务企业共同确认，或由双方认可的第三方专业服务机构确认。

3）在核定项目节水量时，应充分考虑高校属地、运行时间、设备种类、高校用水人数变化等因素对节水改造后用水量的影响。

（2）效益分享

1）高校在项目立项资金来源中，应注明采用合同节水管理机制开展的合同节水项目。

2）高校应按照会计制度要求，落实财务支付渠道，不影响高校下一年度水费预算。

3）高校和节水服务企业应根据节水核查结果和合同约定分享节水效益。

8. 项目移交

（1）合同期满后，高校与节水服务企业应按照合同约定进行合同验收。合同验收后，应按照合同约定办理项目移交手续。

（2）项目移交内容主要包括实体移交和文件移交。项目实体移交主要包括合同节水项目内所有的设备、设施或项目服务；项目文件移交主要包括项目立项、实施、调试运行、验收和运营维护等全套文件资料。

（3）项目移交过程中节水服务企业应保证项目运行正常，运行参数满足合同移交条款的约定要求。

（4）项目移交后，高校和节水服务企业应按照合同约定履行各自保密义务。

6.2.3　高校合同节水管理的风险防控

为确保节水项目的顺利进行，高校在合同节水管理中应注意风险防控，其风险防控主要包含以下几点：

1. 合同风险防控

与节水服务企业签订高校合同节水项目，其合同约定内容非常重要，是项目风险防控的关键节点。合同中除了需要明确投资额、收益分享和服务细则等一些常规条款，更重要的是须针对服务企业的退出机制、合作期间的变化因素处理、红线条款、安全保障等作出明确要求。需要充分考虑可能遇到的各类问题，如师生投诉未解决、节水率未达到预期目标、用水设施设备故障无法维修、采取非正常手段影响师生正常用水、师生合理需求的调整、受新政策限制等，并在合同中对此类情况约定清楚。

对于师生投诉处理不力、项目运营未达到最初预定目标等问题，服务企业应限期整改，整改后还不能满足，须及时退出，同时学校要提前做好预案，做好应对准备。合同节水项目投入资金需要较长时间才能收回成本，一般合同运营时间较长，而社会形势在不断变化，师生对美好生活的需求也在不断升级，在拟订合同时，学校也需要对该类特殊情况进行约定，即要么服务企业顺势而为，作出适当改变以适应新形势，要么及时退出，由学校根据师生需要，重新制定新的服务方案。只有在合同中对各类情况说明清楚，给企业打好预防针，学校才能规避相应风险。

2. 财务风险防控

尽管高校合同节水项目建设期资金由企业投入，但在合同期需要高校逐年支付项目相应资金，因此，保证合同节水项目的资金来源是避免项目财务风险的关键。根据《国务院办公厅转发发展改革委等部门关于加快推行合同能源管理促进节能服务产业发展意见的通知》（国办发〔2010〕25号）"完善相关会计制度。各级政府机构采用合同能源管理方式实施节能改造，按照合同支付给节能服务公司的支出视同能源费用进行列支。事业单位采用合同能源管理方式实施节能改造，按照合同支付给节能服务公司的支出计入相关支出。"的规定，高校采用合同节水模式开展节水工作，应合理制定预算用于节水服务费用的支出，确保节水项目资金。若采用节水效益分享型的合同节水管理模式，节水服务费用可以直接从节水效益中支出。在年度财政经费申报时不调减公共机构的年度经费预算，对因实施合同节水管理而产生的节约经费，作为学校节水管理的补充经费，以提高学校进行节水改造的积极性。

3. 项目质量风险防控

高校与节水服务企业合作过程中，可能会涉及一些质量风险，如承诺与实际效果不一致、节水服务企业技术不足等问题。为了规避这些风险，首先需要明确造成浪费用水的主要原因，针对这些原因制定切实可行的改进方案，并预估改进方案需要的资金、技术等投入，只有清晰了解这些问题，才能对服务企业的承诺进行更合理的评估。在遴选企业时，应与三家及以上服务企业进行充分沟通、比选。其次可组建由学校基建、后勤、相关专业技术专家等组成的专门团队，对本项目实施过程的安全、技术、质量等方面进行监管和把关，也可聘请第三方负责项目实施过程中质量和进度控制，并及时协调落实合同内容。

4. 运维风险防控

在项目移交后，高效运维成为主要风险。高校可能由于缺乏设备运行维护专业技术人员或管理经验不足，在项目移交后存在着运维风险。要避免这一风险，高校在合同中应约定清楚，项目移交后节水服务企业对学校管理人员的节水运维培训等问题，并在项目移交时抓好落实。

高校也可选择继续委托节水服务企业运维。从长远来看，学校委托服务企业提供专业服务是高校后勤发展趋势，若节水管理服务项目整体运维效果良好，合同到期后，仍可续约继续委托运维，并可根据新形势，重新拟订续约方式。

6.2.4　高校合同节水管理效益

合同节水管理的本质特点融合社会和高校的资源优势，赋予了高校实施合同节水管理的显著效益。

1. 经济效益和管理效益

合同节水管理由节水服务公司负责项目全生命周期的投融资、设计、建设和运维管理等工作，保证节水效果，解决了高校节水在资金、建设、管理等方面的难题。因此，学校节约了大量改造资金的同时，校企双方都可以从显著的节水效果中分享经济效益。同时在合同节水项目管理中，由节水企业专业人员负责日常管理事务，提供专业的节水管理咨询等，学校不仅节省了人力和精力，而且用水管理的科学化水平得到极大提升。

2. 育人效益和社会效益

高校以立德树人为根本任务，作为教书育人的前沿阵地，具有深远的社会影响力。要将合同节水管理项目成功案例转化为教学案例，融入相关专业知识到教育教学中，更好地培养学生节水的创新意识、行为习惯和实践能力。在合同节水项目的建设运行过程中，高校要积极以合同项目为抓手，注重挖掘节水校园建设中的育人元素，通过主题宣传、课程教学、主题教育实践活动等多种途径，积极开展节水宣传工作，师生的节水意识逐步养成并得到强化，不仅可以自觉节水，还能带动家庭及周边的社群，实现由点到面的扩散辐射作用，逐渐引导全社会参与节水。

3. 技术效益和产教融合效益

合同节水管理遴选的节水服务公司，都是专注节水技术研发和投资运营的专业化公司，为了更好地实现项目的节水效果，节水企业都是尽最大努力提供更先进、更系统的节水技术和服务。因此，节水技术的研发与应用将得到不断提升和突破。同时，高校有丰富的学科专业和人才资源，在实施合同节水项目中，可以与节水企业深入开展校企合作，发挥高校的科研优势，组织联合攻关节水技术创新与应用难题，培育科研项目，深化产教融合、科教融汇，形成校企产学研用一体推进的良性互动。

4. 环境效益与项目示范效应

高校实施合同节水管理，用水量显著减少，不仅减少了水资源的浪费，有助于保护当地水资源，维持水生态系统平衡，同时也减少了废水排放，降低了水污染，有益于保护周边环境和维持生态平衡，具有良好的环境效益。合同节水管理的成功可吸引其他用水单位参观学习，发挥有效的节水示范作用。这不仅有助于推广和分享成功经验，还可以促使其他单位也采取类似的节水措施，从而在更大范围内实现水资源的有效管理。项目示范效应还能够提高高校的社会声誉和地位，为其他学校树立借鉴的榜样，鼓励其他机构效仿，共同为可持续发展贡献力量。

6.3　高校节水推广行动

高校积极参与节水推广行动，不仅有助于高校实现节水目标，还能推动全社会水资源的有效利用。推广行动不仅可以通过节水宣传教育使在校师生积极参与节水，并辐射带动全社会节水，还可以通过总结推广节水工作的成功经验和举措，示范引领全社会节水，另外通过节水科研创新，助力全社会高效节水。

6.3.1　高校节水宣传教育

1. 节水相关的节日、标识及政策

（1）节水相关的节日

1988年《中华人民共和国水法》颁布后，水利部确定每年的7月1日至7日为"中国水周"，实现了我国节约用水宣传"从无到有"的历史转变。考虑世界水日与中国水周的主旨和内容基本相同，因此从1994年开始，把"中国水周"的时间改为每年的3月22日至28日，时间的重合使宣传活动更加突出"世界水日"的主题。三十多年来，我国每年在"世界水日""中国水周"期间集中开展节水宣传教育活动，如开展"节水在路上""节水中国行"等主题宣传，在全民节水意识培育方面取得了良好的效果。

从1992年起，为了提高城市居民节水意识，我国还将每年5月的第二周作为城市节约用水宣传周，进一步提高全社会关心水、爱惜水、保护水和水忧患意识，促进水资源的开发、利用、保护和管理，营造全社会的节水氛围。

（2）节水相关的标志与标识

1）国家节水标志

为贯彻落实国务院城市供水、节水与水污染防治工作会议精神，进一步增强全社会的节水意识，鼓励节水型产品、器具的研制、生产和使用，2001年2月21日至3月5日，全国节约用水办公室向全社会公开征集"国家节水标志"。2001年3月22日，在水利部举办的以"建设节水型社会，实现可持续发展"为主题的纪念第九届"世界水日"暨第十四届"中国水周"座谈会上，"国家节水标志"揭牌，这标志着中国从此有了宣传节水和对节水型产品进行标识的专用标志。

"国家节水标志"由水滴、手掌和地球变形而成（图6-6a）。圆形代表地球，象征节约用水是保护地球生态的重要措施。标志留白部分像一只手托起一滴水，手是拼音字母

JS的变形，寓意为节水，表示节水需要公众参与，鼓励人们从我做起，人人动手节约每一滴水，手又像一条蜿蜒的河流，象征滴水汇成江河。水和手的结合像"心"字的中心部分（去掉两个点），且水滴正处"心"字的中间一点处，说明了节约用水需要每一个人牢记在心，用心去呵护，节约每一滴珍贵的水资源。"国家节水标志"既是节水的宣传形象标志，同时也作为节水型用水器具的标识。对通过相关标准衡量、节水设备检测和专家委员会评定的用水器具，予以授权使用和推荐。

2）我国水效标识

为推广高效节水产品，提高用水效率，推动节水技术进步，增强全民节水意识，促进我国节水产品产业健康快速发展，国家发展改革委、水利部和国家质检总局于2017年9月发布了《水效标识管理办法》。

水效标识是附在用水产品上的信息标签（图6-6b），用来表示产品的水效等级、用水量等性能指标，这些指标是依据相关产品的水强制性国家标准检测确定的。这些用水产品包括坐便器、智能坐便器、洗碗机、淋浴器、净水机及水嘴（表6-2）。洗衣机、小便器、便器冲洗阀等产品虽然目前没有列入《中华人民共和国实行水效标识的产品目录》，但其水效等级应符合相关强制性国家标准的要求。

中华人民共和国实行水效标识的产品目录　　　　　　　表6-2

产品名称	依据的水效标准	水效标识实施时间
坐便器	《坐便器水效限定值及水效等级》GB 25502—2017	2021年1月1日
智能坐便器	《智能坐便器能效水效限定值及等级》GB 38448—2019	2021年1月1日
洗碗机	《洗碗机能效水效限定值及等级》GB 38383—2019	2021年4月1日
淋浴器	《淋浴器水效限定值及水效等级》GB 28378—2019	2022年7月1日
净水机	《净水机水效限定值及水效等级》GB 34914—2021	2022年7月1日
水嘴	《水嘴水效限定值及水效等级》GB 25501—2019	2025年1月1日

我国目前的产品水效标准体系中，产品水效一般分为3级或5级，如坐便器、智能坐便器、淋浴器、净水机及水嘴为3级，洗碗机为5级，其中水效1级用水量最少、水效最高，3级或5级则是产品水效的市场准入值。除了标明生产者名称及产品规格型号、二维码外，还需注明产品的平均用水量、全冲水量及半冲水量，企业需按指定的尺寸、字体印上对应信息。

3）水效领跑者标志

水效领跑者是指同类可比范围内用水效率处于领先水平的用水产品、企业、灌区和公共机构。水效领跑者的遴选、考核、发布、推广等一系列工作，有利于引导全社会向水效领跑者学习，提高全社会"爱水、惜水、节水"的意识，形成节水型生产生活方式和消费模式。

列入水效领跑者的产品、企业、灌区和公共机构，应使用统一的水效领跑者标志（图6-6c）。水效领跑者产品可以在产品本体明显位置或包装物上加施水效领跑者标志；鼓励符合条件的企业和灌区在宣传活动中使用水效领跑者标志；允许获得水效领跑者称号的公共机构在评优评先等宣传中使用水效领跑者标识。

4）全国节约用水吉祥物"霖霖"

2021年3月22日，在水利部开展"节水中国你我同行"主题宣传联合行动暨"节水中国"网站上线启动仪式上，全国节约用水吉祥物"霖霖"面向社会正式发布。

"霖霖"由全国节约用水办公室推出，中国水利报社创作。吉祥物"霖霖"（图6-6d）以蓝色星球"地球"为主体造型，寓意"水是万物之母、生存之本、文明之源"。"霖霖"头顶的钥匙设计，倡导公众要从观念、意识和行为上时刻"拧紧"水龙头，节约保护每一滴水。"霖霖"的名字意为"雨水充足"，一双大眼睛闪烁着水滴形的泪珠，饱含着对水的深情与渴盼。"霖霖"还戴着节水标志的袖标，号召人人争当节水志愿者。一双水纹元素的鞋子设计成橙黄色，格外醒目，寓意节水是一件充满希望和收获的事业。

图6-6彩图

※图6-6　节水相关标志

（a）国家节水标志；（b）水效标识基本样式；（c）水效领跑者标志；（d）全国节约用水吉祥物"霖霖"

5）全国节水主题歌曲

2021年3月22日至28日第三十四届"中国水周"期间,《节水中国》MV发布,旨在更广泛、更深入地用歌声讲述节水故事、弘扬节水文化、传播节水理念,形成良好节水风尚。

（3）节水宣传教育相关的政策

为推进节水宣传教育,我国发布了许多关于节水宣传教育的政策。2000年11月7日,《国务院关于加强城市供水节水和水污染防治工作的通知》（国发〔2000〕36号）发布,要求各地区、各部门和各新闻单位要采取各种有效形式,开展广泛、深入、持久的宣传教育,使全体公民掌握科学的水知识,树立正确的水观念;加强水资源严重短缺的国情教育,增强全社会对水的忧患意识,使广大群众懂得保护水资源、水环境是每个公民的责任;转变落后的用水观念和用水习惯,把建设节水防污型城市目标变成广大干部群众共同的自觉行动;要加强舆论监督,对浪费水、破坏水质的行为公开曝光;同时,大力宣传和推广科学用水、节约用水的好方法,在全社会形成节约用水、合理用水、防治水污染、保护水资源良好的生产和生活方式。

2010年12月31日,《中共中央　国务院关于加快水利改革发展的决定》发布,要求把水情教育纳入国民素质教育体系和中小学教育课程体系,作为各级领导干部和公务员教育培训的重要内容。

2015年6月,水利部、中宣部、教育部、共青团中央联合印发《全国水情教育规划（2015—2020年）》,推进节水和洁水观念宣传;之后水利部六部门又联合印发《"十四五"全国水情教育规划》（2021年12月）,引导公众不断加深对我国水情的认知,增强水资源忧患意识,推动形成全民知水、节水、护水、亲水的良好社会风尚。

2016年10月发布的《全民节水行动计划》中指出要进行全民节水宣传行动,包括广泛开展节水宣传、加强节水教育培训及倡导节水行为。

2017年1月的《节水型社会建设"十三五"规划》及2021年10月的《"十四五"节水型社会建设规划》,节水宣传教育都被列为节水型社会建设的重点任务之一。

在2019年4月的《国家节水行动方案》中,提升节水意识被列为节水行动方案的保障措施之一,包括加强国情水情教育,逐步将节水纳入国家宣传、国民素质教育和中小学教育活动。为落实《国家节水行动方案》,《水利部　教育部　国家机关事务管理局关于深入推进高校节约用水工作的通知》（水节约〔2019〕234号）发布,强调要加强高校节水宣传教育:充分发挥高校教书育人的主渠道作用,积极推进节水教育进校园、进课堂,将节水教育融入德育教育内容;组织开展各具特色的节水宣传和实践活动,积极培育校园节水文化,营造亲水、惜水、洁水的良好氛围,使爱护水、节约水成为广大师生的良好风尚和自觉行动。

2021年12月9日，水利部等十部门联合发布《公民节约用水行为规范》，从"了解水情状况，树立节水观念""掌握节水方法，养成节水习惯""弘扬节水美德，参与节水实践"三个方面对公众的节水意识、用水行为、节水义务提出了朴素具体的要求。

2023年4月17日，水利部等十一个部门联合印发《关于加强节水宣传教育的指导意见》，旨在贯彻落实党中央关于全面加强资源节约的战略部署，深入实施国家节水行动，增强全社会节水意识，加快形成节水型生产生活方式，为全面强化新形势下节水宣传教育工作提出意见。

2. 高校节水宣传教育的必要性

（1）高校师生节水的辐射作用

与社会层面的节水个体不同，高校节水的主体是学生和教职工，而且学生人数众多，节水群体具有年轻、文化程度高、接受事物快的特点。高校中众多师生的节水意识、用水习惯及节水行为不仅会产生直接的节水效果，还会辐射周边人群乃至整个社会。大学生是未来社会的生力军，倘若青年一代在校期间养成良好的节水意识，将来迈入社会也必然会产生更大的模范与引领作用。因此，高校中进行节水宣传教育具有非常重要的意义。

（2）高校学生水知识缺乏、节水意识薄弱

通过节水宣传教育可以提高广大学生的节水积极性，并带动社会节水。然而目前高校学生的水知识还较为缺乏，节水意识还不强。

尽管各高校多年来一直都在进行节水宣传教育，但仍有很多学生对水知识的了解不够。以2022年某高校的一次随机抽样问卷调查为例（共发放问卷391份，回收有效问卷387份），结果显示：约60%的人不知道"中国水周"，约40%的人错误认识我国的水资源现状，约90%的人不经常关注我国节水相关的政策法规，仅有7%的人认知程度较高。由此可见，我国高校水知识的普及尚不完善，高校学生对节水用水相关内容认知有待提高。

除了对水知识掌握的不足，高校学生的节水意识仍然有待提高。2023年一份关于某高校节水意识的调查研究表明，仍有24.7%的学生并没有关注到水资源短缺的问题，7%的学生认为浪费水资源不应受到指责，1.4%的学生认为水资源储量大，浪费水资源无所谓。2022年对某高校的一次随机抽样问卷调查结果分析显示，97%的人在生活中有过浪费用水的行为，74%的人有过洗脸、刷牙时不关水龙头或流水洗衣等浪费用水行为。由此可见，高校学生的节水意识还需提高，高校的节水宣传教育工作还需进一步加强。

3. 高校节水宣传教育的方式

高校在开展节水宣传教育时，应丰富宣传手段，创造性地运用各种形式开展宣传教育。

（1）课程教学教育

高校应重视节水文化、节水理论、节水技术等专业教育，可以结合学科特色，将水资源利用与保护、节水理论与技术等课程纳入必修课程、选修课程等，也可以鼓励教师在相关的教育教学活动中，融入节水相关知识。此外，高校还可以定期开展以水资源循环利用、节水等为主要内容的专题讲座。通过这些节水教育，高校可以培养更多节水领域的专业人才，从而为社会节约用水和水资源高效利用作出积极的贡献。

（2）科研实践教育

科学研究是高校的四大职能之一，科研实践教育在大学教育中具有重要地位。各高校可以发挥学科专业特色，组织组建研究团队，以实际节水相关问题为导向，积极开展节水科研创新，引导学生参与以节水为主题的科研实践教育活动。通过科研实践教育，不仅能够更好地培养学生的创新能力和解决问题的能力，也能提高学生的节水意识，还能为节水科技的创新发展作出贡献。

（3）节水宣传教育

结合世界水日、中国水周、全国城市节约用水宣传周等节水日主题，联合学校各部门及青年志愿者协会等学生社团，开展专题节水宣传活动，如组织节水知识竞赛答题、节水征文等活动加深师生对学校节水工作的理解，培养行为节约的意识和习惯。专设校园节水网站（图6-7）、开辟节水宣传专栏、设立节水微信公众号、张贴节水宣传标志或标语等，进行节水宣传教育，营造节水氛围，推动节水型校园建设持续深入开展。

※图6-7　福建省节水教育基地网站宣传节水知识

6.3.2　高校节水示范引领

1. 节水教育基地

高校中的节水教育基地形式多样，内容丰富，可以为社会提供重要的节水教育和宣传平台。高校应利用好节水教育基地，积极开展节水教育，为社会公众学习节水知识、体验节水文化提供窗口平台。

（1）福建省节水教育基地

福建理工大学与福建省水利厅、福建省节约用水办公室等多家单位于2021年6月共建福建省节水教育基地，为福建省首个节水教育基地。基地位于福建理工大学旗山校区，布展区域面积约200m²，基地内的4大展厅、11个展区围绕水情介绍、政策宣导、高校节水解决方案及案例展示、最新节水产品及技术展示等多个主题，采用图文展板、视频影像、互动体验、VR体验等形式，生动展示了中国水情和福建省水情动态、现代节水知识和最新节水技术的应用场景。福建理工大学将参观福建省节水教育基地纳入新生入学教育的必修课，为学生节水意识培养提供了有力的支持与引导。福建省节水教育基地面向社会开放（图6-8），具有多重功能，是各中小学的研学实践教育基地，也是福建省水利厅、中建海峡公司等机关单位、企事业单位的主题教育现场教学点和党建活动中心，该基地建成开放2年多，参观人数超过3万人。节水教育基地为社会提供节水教育场所和教育素材，让更多人了解国家及福建省水情、节水政策、节水科技和高校节水创建的经验做法，号召更多人参与节水建设。

※图6-8　福建省节水教育基地面向社会开放

（2）国家水情教育基地

华北水利水电大学于2016年建成首批"国家水情教育基地"，国家水情教育基地是面向社会公众开展水情教育的实体平台。作为场馆类的教育基地，学校水情教育设施齐备，有水文化陈列馆、集雨景观湖、农业高效节水实验室、水工模型实验室、"中华水文化信息资源库""水科学信息资源中心"专题书库、水情宣传展板等设施。整个校园具备教学、宣传、展示、实践"四位一体"的水情教育功能。综合运用模型和实物展示，传统媒体和新媒体结合，课堂课下教育互补，每年水情教育受众达3万人。

（3）其他节水教育基地

四川水利职业技术学院水文化科普教育基地集李冰广场、水文化长廊及工匠文化长廊、莲花湖生态湿地、四川省水利技术科研实训基地、校园节水工程等十大展区为一体，致力于宣传水文化，普及水文化知识，宣传节水理念，提高学生及社会人士节水意识和节水能力。除了其本校1万余名师生外，也面向周边大中小学师生、水利工作者、普通群众等社会各界人士进行科普教育、科普研学和社会实践。

山西水利职业技术学院建有生产性节水灌溉技术实训场、水利综合实训基地和水利建筑施工技术实训场，拥有15个节水模型，直观表现了节水社会的多种多样，对广大社会人员和中小学生免费进行节水宣传和科普教育，被确定为山西省示范性实训基地、山西省第一批中小学节水教育社会实践基地。

常州纺织服装职业技术学院创建节约用水示范教育基地，完成了八期近500名学员环保初级操作工的培训任务，与此同时，先后有三十余家单位到访考察，多家单位在学习考察后建成了自己的中水回用系统。不仅在区域经济建设、环境保护工作中发挥了带头作用，而且在同类院校中起到示范和推广作用。

2. 高校节水项目推广

在高校中建设节水示范项目，有利于节水的推广，达到"以点带面"的效果。高校在做好节水工作、建设节水型高校的同时，应及时总结提炼、宣传推广节水工作的成功经验和举措，示范引领全社会节水。

福建理工大学作为福建省首个实施合同节水项目的高校，节水型校园建设成效显著，成功实现用水量的大幅度下降，年节水率达42%，师生节水意识得到极大提高。该校合同节水的成功经验受到了福建省水利厅、教育厅等部门的高度关注，并予以推广。2022年8月18日，福建省水利厅、教育厅在福州大学联合召开福州大学城片区节水型高校建设推进会，福建理工大学副校长何仕在会上作了高校节水工作经验分享，得到了各参会高校的积极响应，助推成立福州大学城片区高校节水联盟，探索建立福州大学城片区节水型高校示范区，努力带动全省节水型高校创建工作。2023年6月7日，福建省水利厅、教育厅、机关事务管理局在福建理工大学，联合召开福州大学城片区节水型高校示范区建设现场推进会，组织现场学习、推广福建理工大学节水工作经验，福建理工大学副校长何仕以"数字节水的探索与实践"为题，分享了学校深化节水型高校建设经验与成效，得到了福州大学、福建师范大学等12个福州大学城片区高校节水联盟单位的高度认同与赞赏。以福建理工大学节水经验为样本，与会代表研究审议了《福州大学城片区节水型高校创建先行示范行动方案》，并就进一步创建高质量的节水型高校示范区提出了意见建议，共同推进福州大学城片区节水型高校示范区创建工作，示范带动全省高校节水工作。在推进会的推动和示范带动下，福州大学、闽江学院、福建师范大学、福建医科大学、福建江夏学院等一批高校纷纷开展节水型高校建设。

3. 高校节水社会实践

高校应充分利用社会实践大舞台，充分发挥丰富的师生资源、专业知识资源和青春力量，面向社会开展节水宣传教育和志愿服务活动，既强化学生的节水意识，又引领社会节水风尚和引导社会公众积极参与节水实践。

2022年8月，福建省水利厅、教育厅、团省委联合启动了"青春相作伴，节水八闽行"青年志愿专项行动，该行动明确规定，利用每年暑假大学生返乡的契机，持续开展节水教育、宣传、调研和实践志愿活动，为引导社会各界积极开展节水作出青年大学生应有的贡献。活动开展以来，得到各地各部门和各高校的高度重视，各高校加强组织领导，广泛宣传发动，积极组织并共同推进活动深入开展。据2023年12月的统计，来自全省不同高校的节水青年志愿专项行动团队超过50支，参与的大学生超过1200名，围绕水质监测、水源地保护、水环境调查、节水技术知识传播、水安全保障等主题开展节水实践活动，发放各类节水手册1万多份，进一步提升了当地群众的节水意识，让更多的群体加入节水行动中。节水社会实践活动的深入开展，进一步发动引导全省青年积极参与节水志愿活动，及时培育总结提炼经验做法，树立先进典型，示范引领带动，推动提高全社会节水意识，努力打造丰水地区的福建节水特色。

6.3.3　高校节水科研创新

1. 节水科研创新的重要性

大力研发创新、推广节水技术产品，依靠科学技术实现高效节水，对国家节水行动具有重要的支撑引领作用，是建设节水型社会的关键环节和重点任务。进入21世纪以来，国家大力推进节水型社会建设，水资源利用效率显著提升，节水科学技术也取得了较大发展，但较国际先进水平还有一定的差距，面临更为迫切的科技创新与成果转化要求。为此，国家部委在出台的一系列政策文件中强调推动节水基础研究和应用技术创新的重要性。

2019年4月15日，国家发展和改革委员会及水利部联合发布的《国家节水行动方案》

指出要加快关键技术装备研发：推动节水技术与工艺创新，瞄准世界先进技术，加大节水产品和技术研发，加强大数据、人工智能、区块链等新一代信息技术与节水技术、管理及产品的深度融合。

2021年10月，加强重大节水技术研发被列为《"十四五"节水型社会建设规划》的主要任务之一：将节水基础研究和应用技术创新性研究纳入国家中长期科技发展规划、生态环境科技创新专项规划等。

2022年3月9日，《水利部　教育部　国管局关于印发黄河流域高校节水专项行动方案的通知》（水节约〔2022〕108号）发布，指出要支持节水科技研发：地方各级水行政主管部门、教育行政主管部门、机关事务管理部门要支持高校发挥科研和人才优势，加快节水相关领域学科建设和人才队伍培养。

2022年5月20日，《水利部办公厅关于加强农业用水管理大力推进节水灌溉的通知》（办农水函〔2022〕456号）发布，指出要强化农业节水基础研究。

2022年6月20日，工业和信息化部、水利部、国家发展和改革委员会、财政部、住房和城乡建设部及国家市场监督管理总局发布《工业和信息化部等六部门关于印发工业水效提升行动计划的通知》（工信部联节〔2022〕72号），提出要支持行业协会、科研院所、高校等开展工业节水基础研究和应用技术创新性研究；完善节水技术产业化协同创新机制，探索建立产业化创新战略联盟，支持企业、园区、高校、科研机构和地方等创建节水技术创新项目孵化器、创新创业基地，推动新技术装备快速大规模应用和迭代升级。

2023年9月1日，《国家发展改革委等部门关于进一步加强水资源节约集约利用的意见》（发改环资〔2023〕1193号）发布，强调要加强技术研发应用：围绕水资源高效循环利用、智慧节水灌溉、水肥高效利用、海水淡化利用、矿井水利用等领域，持续实施重点科技专项，开展关键技术和重大装备研发。推进产学研用深度融合的节水技术创新体系建设，支持举办节水创新发展大会及高新技术成果展，推进技术产业化。推进智慧节水，强化数字孪生、大数据、人工智能等新一代信息技术在节水业务中的应用研究。

2. 高校开展节水科研的优势

科研创新高校责无旁贷，高校在节水科研中更具有显著的优势。首先高校在人才培养方面具有独特优势，通过相关专业的本科、硕士和博士教育，可以培养出许多水资源管理和节水技术领域的专业人才。这些专业人才将成为未来节水科技创新和产业发展的中坚力量。其次，高校拥有先进的实验室和研究设备，为节水科研工作提供了有力的支持，对开展复杂的节水技术实验和研究工作、推动节水科研的深入进行奠定基础。再次，高校还具有国际化的学术视野和交流平台，能够借鉴和吸收国际先进的节水理念、技术和方法。与国外高校、研究机构紧密合作，可以促进信息共享、技术交流与提升。

总而言之，高校开展节水科研，对促进节水科技创新，推动节水产教融合、科教融汇，全面提升节水技术水平具有重要的作用。

3. 高校节水科研创新案例

许多高校利用自身科研优势，积极开展节水科研创新，研究成果转化应用于各行各业的节水实践中，取得了显著的成效。

福建理工大学利用自身科研优势，依托国家级一流本科专业建设点和高校服务产业特色专业给排水科学与工程，积极开展校企合作，成立智慧水务产业学院，与地方政府和企业合作共同开展节水项目相关研究，推动节水技术的发展和水资源的合理利用，为节水型高校和节水型社会建设作出贡献。科研项目《高难工业污水关键处理单元的核心技术及其应用》有效解决相关工业污水处置利用的关键核心问题，获得了福建省科技进步奖一等奖；"基于水龄管控的二次供水水质安全保障关键技术研发及示范""福州市二次供水安全与节能关键技术研发及示范"等项目，聚焦供水、节水过程中实现变频增压、数据采集、远程监控、智慧节水管控等功能，从而实现降低管网漏损率、节水节能、供水科学调度、水龄精确控制及水质保障等技术创新，多项研究成果获得发明专利并实现了技术转让。同时，积极开展生活污水回用、雨水资源化利用等相关课题研究，研究成果在"互联网+"大学生创新创业大赛、"挑战杯"福建省大学生课外学术科技作品竞赛、"深水杯"全国大学生给排水科技创新大赛等各级各类赛事中获得多项奖项，自主研发的生活污水回用装置、节水过滤器能够产生良好的节水效益。

南昌航空大学创造性地在后勤管理处组建科研团队，联合环化学院给排水科学与工程系，成立了"南昌航空大学城市供水及管网测漏与节水研究工作室"，主攻大数据理论分析与传统探漏、堵漏技术有机结合及其应用，重点攻克地下漏水查漏堵漏难题。所取得的研究成果运用在南昌航空大学的节水实践中，取得了良好的节水效果。2018年～2021年节水634.82万m³，节约自来水经费支出超过2000万元，为节水型高校建设作出了贡献。

兰州大学通过采用自行研发处于国际领先水平的固定化微生物技术，设计建设日处理6000m³的污水处理厂，于2005年8月正式投入运行，将校区污水处理后用于校园绿化，实现污水零排放，有效提高了水资源利用效率。

广东轻工职业技术学院积极开展节水科研和宣传，参与企业科研实践，自主研发节水技术和产品。实用新型专利"一种用于自来水管道的漏水识别装置"于2021年5月25日获得授权（公告号：CN21213272077U），并进行节水测试和应用，取得良好成效，实现年度节水率近30%。

同济大学开展校企合作，积极探索节水推广新模式。2020年4月30日，同济大学环境学院在同济大学国家大学科技园虹口分园揭牌成立"节水研究中心"，依托雄厚的学科优势，开展大量节水工作和前瞻性研究，有关科研实力和成果居于全国领先水平，为全国同行树立了标杆。

6.4　节水型高校评价

节水型高校评价是高校科学合理实施节水工作的有效指导，也是考核评价高校节水工作的手段。建立合理科学的评价体系和标准，是深化节水型高校管理的重要基础和可持续发展的关键。

6.4.1　节水型高校评价的意义

开展节水评价工作，是落实习近平总书记治水思路的重要举措；是形成节约集约利用水资源的倒逼机制，提升全社会用水效率的有力抓手；是保证科学合理节水，充分发挥水资源高效利用的有效途径。因此，全面开展节水型高校评价是深化节水型高校建设与管理的必然要求。科学合理的节水型高校评价指标体系是节水型高校建设的重要基础，是考核评价高校节水工作是否完善可行的技术手段。同时，开展节水型高校评价，有助于高校对比相关评价指标寻找差距，从而引导高校更好地制定节水措施，指导高校具体实施和落实节水工作。

2019年1月，在全国水利工作会上，水利部正式提出建立节水评价机制，当年10月水利部办公厅印发《规划和建设项目节水评价技术要求》，这是建立节水评价制度的一项关键举措，为开展节水评价工作提供了参考。2023年2月水利部制定了《2023年水利系统节约用水工作要点》，指出要全面落实节水评价制度，发布《节水评价技术导则》，进一步规范节水评价内容、方法和要求。这些政策文件的发布为节水评价制度提供了有力的支持，同时也推动了高校的节水评价工作。目前用于节水型高校的评价体系包括《节水型高校评价标准》《公共机构水效领跑者评价指标》《节水型高校评价导则》等，这些评价标准和文件为高校提供了明确的指导，为其节水工作提供了具体可行的框架，有利于推动高校实现节约用水、合理用水、有效节水。

6.4.2　节水型高校评价标准

1. 节水型高校评价标准
为深入贯彻落实《国家节水行动方案》要求，2019年8月，水利部、教育部、国家机关事务管理局联合印发了《关于深入推进高校节约用水工作的通知》，为配套该通知的要求，指导全国各地节水型高校建设工作，在全国节约用水办公室的指导下，水利部综合事业局牵头研究编制了团体标准——《节水型高校评价标准》T/CHES 32—2019，经中国水利学会和中国教育后勤协会组织审查，于2019年9月正式实施，指导各地创建节水型高校，成为评价、指导高校节水工作的基本标尺。2020年～2022年，全国共有1112所高校对标建成节水型高校并通过省级认定，约占全国高校数量的40%。

（1）评价对象

节水型高校的评价是以单个校园或学校整体作为评价对象。如：某所高校有多个校区，其中某一个校区达到了节水型高校评价标准的要求，可对该校区（校园）进行评价，符合标准的即可授予该校区节水型高校称号，以鼓励先进为主，调动广大高校开展节水工作的积极性；如有多个或所有校区均达到了节水型高校的标准也可同时评价。

（2）参评资格

节水型高校评价工作设置了两项"一票否决"项，在用水安全方面要求近三年不得有违反水法律、法规或重大水安全事故行为；在水源利用方面要求城市公共供水管网覆盖范围内，不得抽取地下水作为常规供水水源，存在以上情况之一的不得参与评价节水型高校。

节水型高校
评价标准

（3）达标分数

节水型高校评价指标由节水管理评价指标、节水技术评价指标和特色创新评价指标三部分组成，满分110分。标准编制过程中，标准编写组组织了6省份的10所高校进行了试打分，对指标设置是否合理、分值设置是否科学、评价是否可操作进行了验证。试打分结果显示，节水基础好的高校，试打分总分均在90分以上，未开展节水改造的高校，试打分总分均在90分以下，因此，标准规定了总分评价达到90分为节水型高校的达标线。

（4）节水管理指标及评价方法

节水管理评价指标中设置了制度建设、宣传教育、用水管理和节水设施4项一级指标，其中宣传教育和节水设施分值均为15分，用水管理和制度建设分别是12分和8分，节水管理指标与已发布的国家标准和文件要求一致，体现了高校节水管理的最新要求。

节水技术评价指标中设置了标准人数人均用水量、年计划用水总量、水计量率、节水型器具安装率、管网漏损率5项指标，涵盖了高校节水相关的重要技术指标，每项指标的要求、计算和赋分等方面，对照国家节水的相关规定，与国家的节水政策、标准相一致。

特色创新评价指标中设置了节水管理创新和节水技术创新两项指标，对高校节水工作提出更高要求，为节水型高校建设树立典型示范。节水管理创新强调了高校引入社会资本，采用合同节水管理实施节水改造，以及在节水理念或制度建设上有创新，并受到上级主管部门认可。节水技术创新评价指标要求高校开展节水技术产品的创新和研发，并且要推动产学研结合，对节水技术和产品进行推广应用。

2. 公共机构水效领跑者评价

为深入贯彻习近平生态文明思想，认真落实《国家节水行动方案》，提高公共机构节水效率，更好地发挥引领示范作用，国家机关事务管理局、国家发展和改革委员会、水利部于2020年5月19日联合印发《公共机构水效领跑者引领行动实施方案》，正式启动公共机构水效领跑者引领行动的遴选工作。

《公共机构水效领跑者引领行动实施方案》强调，在公共机构节水型单位建设工作基础上，开展公共机构水效领跑者引领行动，发布"节水制度齐全、节水管理严格、节水指标先进"的水效领跑者名单，加快形成"单位主动、行业联动、多方行动"的节水工作格局，推进节水型社会建设。

公共机构水效领跑者每三年遴选一次，重点在党政机关、医院、学校等领域开展，相关单位要符合水计量、节水器具普及率和漏失率等技术标准要求和规章制度、节水文化等管理要求，经过申报、推荐、审核、公示与发布等流程进行评选后，授予"公共机构水效领跑者"称号。

2021年～2023年的公共机构水效领跑者名单共168个，包含36所高等院校，其中福建省有6家单位，福建理工大学是唯一的本科高校。2023年7月，《国管局　国家发展改革委　水利部关于开展2024—2026年度公共机构水效领跑者引领行动的通知》（国管节能〔2023〕173号）发布，决定继续开展2024年度～2026年度公共机构水效领跑者引领行动。符合基本条件的公共机构向所在省级机关事务管理部门、发展改革部门、水行政主管部门提交水效领跑者申请报告，报告中列出了公共机构水效领跑者评价指标及自评得分。

公共机构水效领跑者评价指标体系由一票否决指标、技术指标、管理指标、特性指标和鼓励性指标构成，2024年～2026年的指标相较于2021年～2023年的指标有部分调整，但满分不变，均为105分，其中特性指标为新增指标。申报公共机构水效领跑者的评价总分应不低于95分且任一关键指标得分不为零。一票否决指标指出近三年发生重大安全、环境事故或其他社会影响不良的事件、没有被相关部门认定的节水型单位及两年内受到相关部门浪费用水处罚，不能申请公共机构水效领跑者。

3. 节水型高校评价导则

现行《节水型高校评价标准》T/CHES 32—2019 为团体标准，自实施以来，虽然成为评价、指导高校节水工作的基本标尺，但存在部分内容与国家有关政策文件要求贴合度不强等问题，为更好地指导全国高校节水工作，需要制定国家标准。因此，拟出台《节水型高校评价导则》国家标准，进一步健全节水标准体系，更好地落实国家节水行动，深入推进节水型高校建设。

2021年2月，《节水型高校评价导则》纳入《水利技术标准体系表（2021年版）》（水国科〔2021〕70号）；2023年4月，水利部将《节水型高校评价导则》国家标准制定工作列入年度水利标准制修订计划，旨在对标节水型高校建设要求，从节水管理、节水技术、特色创新等方面研究分析指标体系、评价内容，以目标为导向，制定节水型高校评价指标体系，指导各地各校创建、评价节水型高校，为推进节水型高校建设工作提供技术支撑。截至2023年9月，全国节约用水办公室及教育部发展规划司发布《关于征求〈节水型高校评价导则〉（征求意见稿）意见的函》，指出目前该导则的主要内容基本完成，后续工作主要是广泛征求意见，开展专家咨询审查，根据征求反馈意见及专家意见进一步修改完善标准内容，同时加强项目管理，按规定要求完成送审稿及报批稿，力争该标准早日发布，服务于节水型高校建设工作。

7.1 集成先进技术 建设智慧节水校园
——福建理工大学节水型高校建设案例

福建理工大学积极响应国家政策要求，大力开展节约型校园建设，持续推动绿色、智慧和面向未来的新校园发展，于2019年通过公开招标投标形式引入节水服务公司——福水智联技术有限公司（以下简称"福水智联"），以"合同节水管理"模式对学校旗山校区全面开展节水型校园建设。该项目合同周期为2019年11月起至2029年11月止，共10年，其中2019年11月至2020年8月为项目建设期，由福水智联对学校进行节水管理体系的整体建设。2020年9月至2029年11月为节水效益分享期，由双方按合同约定比例分享节水效益。

7.1.1 因地制宜，查找问题，引入社会专业水务治理

福建理工大学坐落于素有"海上丝绸之路"门户之称的历史文化名城福州，隶属福建省人民政府主管，是教育部首批"卓越工程师教育培养计划"试点高校、福建省重点建设高校、国家"十三五"应用型本科产教融合发展工程规划项目百所高校之一。现有旗山、鼓山、浦东等校区，占地2022.61亩，校舍建筑面积71.84万m^2。项目实施的旗山校区总占地面积1575亩，在校生约1.6万人，2017年度总用水量166万t，2018年度总用水量203万t，2019年度总用水量238万t。由于该校区地处闽侯县沙地，长久以来受地质下沉等因素影响，校区地下的生活用水管网和消防供水管网都存在漏水情况，导致诸多用水及节水问题。

1. 生活用水问题分析

（1）学校近几年用水量大，人均用水量高，超出用水定额部分多，较大可能存在管道漏损情况。

（2）宿舍上水截止阀为螺旋式截止阀，是国家明令淘汰的器具，存在"跑、冒、滴、漏"现象。

（3）计量器具配备不完善，无法全面掌握学校各用水点用水情况。

（4）用水管理台账、节水相关制度不够规范、完善，学校的供水管网图不完整，不利于管道漏损定位及修复。

2. 消防供水问题分析

（1）北区消防系统由市政直供校区室外消火栓和北区消防泵组成。北区于7号教学楼前设有消防泵房（2台消防泵、2台喷淋泵），消防管网漏水严重，导致北区1号消防泵房消防泵压力在0.4～0.5MPa时即无法再继续增压。

（2）南区消防系统由市政直供校区室外消火栓、坛埔山高位消防水池和新建消防泵

房组成。室外消火栓用水由市政给水直供，处于正常运行状态；坛埔山高位消防水池无法存水；新建消防泵房（消防泵2台、喷淋泵2台）控制着南区局部消防管（与研究生公寓楼消防管网连通），大部分室外消防管网漏水严重。

创建节水型校园刻不容缓，如何在不减少学校用水类别和用水项目，不降低用水舒适度的基础上，降低漏损率，提高用水效率，并做好管理服务，促进学校用水管理向精细化、智能化转变，始终是困扰学校的大事。为此，学校建立了由校领导负责的节水型校园建设工作专班，经过充分调研和科学论证，借鉴"合同能源管理模式"深入开展节水工作。经过多方努力，2019年10月学校向社会公开招标旗山校区合同节水管理项目，成为福建省首个高校合同节水管理项目。该项目预计总投入2500万元，对学校进行"节水型校园"全面建设。

7.1.2　技术创新，引领示范，打造智慧"节水型校园"

1. 主要做法

严格对标《节水型高校评价标准》T/CHES 32—2019，并结合高校供水管网、用水终端、水计量器具、非常规水源利用、用水管理和节水宣传等实际情况制定节水解决方案（图7-1），用先进有效的节水技术改造、节水管理和节水宣传等措施，取得显著的节水效果，将学校建设成为节水型高校（评价指标得分≥90分）。

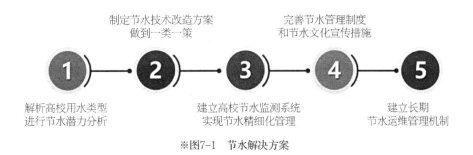

※图7-1　节水解决方案

2. 治理方式

（1）用水类型分析

高校的用水类型主要包括：输配管网损耗、宿舍用水、教学楼用水、办公楼用水、食堂用水、绿化用水、公共浴室用水、外供用水、消防用水。各用水类型又包含多种用水方式（图7-2）。

（2）节水潜力分析

节水潜力分析参照《节水型高校评价标准》T/CHES 32—2019、《绿色校园评价标准》GB/T 51356—2019及地方用水定额管理与技术指标进行全方位的节水潜力分析，主要包括：

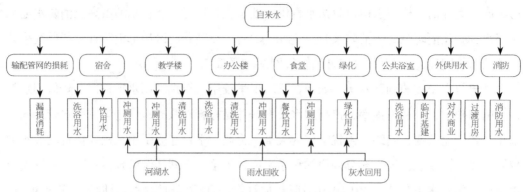

※图7-2　用水类型及用水方式

1）节水基准的确定。

2）管网漏损量测算与节水潜力分析。

3）用水终端节水性能分析与节水潜力计算。

4）非常规水源利用分析。

5）用水管理现状分析。

6）节水量计算与水量平衡分析。

（3）确定节水技术改造方案

通过解析高校用水类型及各个用水环节和节水潜力（管网漏损节水潜力、终端节水潜力和非常规水源利用潜力等），分别制定合理的节水技术改造方案，做到一类一策，最大限度提高节水效益（图7-3）。

1）节水技术改造方案——输配管网节水方案。

输配管网的节水改造技术来源于城市供水管网的漏损治理技术，通过DMA分区结合树型结构的方式进行建模及治理，运用窄带物联网（NB-IoT）技术的智能终端产品建立物联网感知层，基于自主研发的"禹之水"智慧水务管理平台，实时监测并掌握供水管网输配水效、靶向漏损区域、分析漏损类别和漏损情况。输配管网治理模型如图7-4所示。

※图7-3　涉及的节水技术改造方案

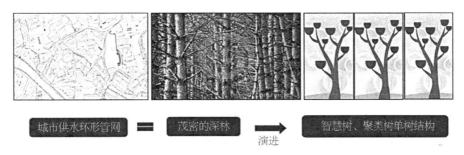

※图7-4 输配管网治理模型

2）节水技术改造方案——生活用水节水方案。

生活用水节水方案适用于：学生/教师宿舍、办公楼、教学楼、公共浴室等。主要用水器具包括：洗手盆水龙头、小便器、蹲（坐）便器、淋浴喷头等。依据《节水型卫生洁具》GB/T 31436—2015，对不达标的、已损坏的终端用水器具，采用达标的节水器具进行更换，确保节水器具普及率达到100%（图7-5和图7-6）。

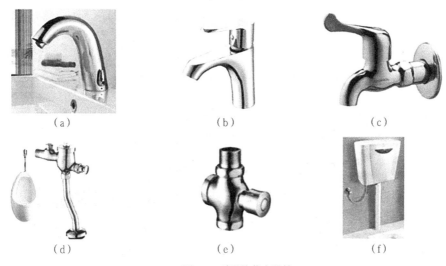

※图7-5 采用的节水器具

（a）感应式面盆水龙头；（b）普通面盆水龙头；（c）拖把池水龙头；（d）小便器冲洗阀；（e）大便器冲洗阀；（f）蹲便器低压水箱

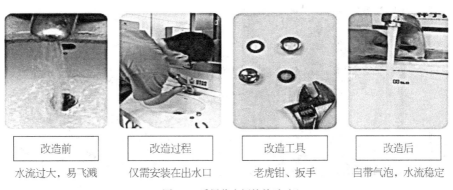

| 改造前 | 改造过程 | 改造工具 | 改造后 |
| 水流过大，易飞溅 | 仅需安装在出水口 | 老虎钳、扳手 | 自带气泡，水流稳定 |

※图7-6 采用节水阀的前后对比

3）节水技术改造方案——食堂用水节水方案。

食堂用水区域主要分为：公共区域和厨房区域。公共区域用水主要包含冲厕、拖地和洗手用水。厨房区域用水主要包括厨师、洗碗、洗菜、洗肉用水。公共区域参照生活用水节水方案；厨师用水使用自动水位控制浮球阀水龙头，解决厨师用水溢流的问题；采用先进的节水型洗菜、洗肉、洗碗机等设备，既节约用水，又节约人工（图7-7）。

4）节水技术改造方案——绿化用水节水方案。

以喷灌、滴灌、地下滴灌、渗灌等高效节水灌溉方式，取代传统的运水灌溉或人工水管灌溉，杜绝大水漫灌的浇灌方式（图7-8）。

浸泡预洗池+单洗涤高压喷淋+单喷雾+双烘干
节水50%

※图7-7 采用先进的节水型洗碗机

※图7-8 高效节水灌溉

引用河湖水、收集雨水、回收灰水用于绿化和景观用水（图7-9）。

5）节水技术改造方案——消防及外供用水节水方案（图7-10）。

6）节水技术改造方案——部署节水监测系统（图7-11）。

（4）确定节水管理建设方案

方案涉及节水制度建设、规范用水记录、开展水平衡测试、巡检维修、管网及绩效评比等（图7-12）。

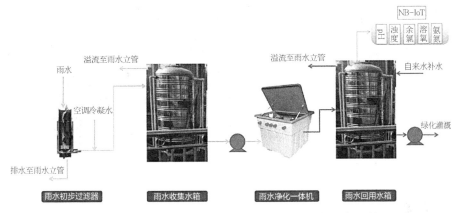

※图7-9　引用河湖水、收集雨水、回收灰水用于绿化和景观用水

消防用水管理

消防用水总进水处安装计量设备，对消防用水进行监控。消防水系统是用来扑救火灾的专用设施，除抢险救灾外，严禁在非火警情况下擅自动用或挪作他用。

外供用水管理

外供用水包括：学校过渡用房用水，商业店面用水，临时基建用水等。外供用水的主要管理措施包括：总表计量，分户装表计量收费，实现远程抄表，表后漏损预警，节水宣传等。

※图7-10　消防及外供用水节水方案

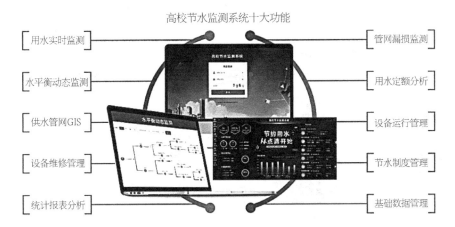

※图7-11　高校节水监测系统十大功能

（5）确定节水宣传方案

扎实宣传，强化节水教育；营造氛围，开展形式多样的节水活动，努力培育全校师生的节水意识，让全体师生把"珍惜水，节约水，保护水"变成师生的自觉行动（图7-13）。

（6）确定项目实施方案及组织项目实施

根据节水技术改造方案，确定项目实施方案并组织项目实施（图7-14）。

※图7-12　节水管理建设方案

※图7-13　节水宣传方案

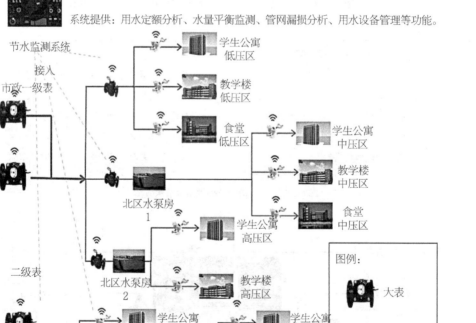

※图7-14　福建理工大学节水监测系统示意图

（7）建立长期运维管理机制

对平台、供水管网、计量设备和用水终端建立长期运维管理制度（图7-15），发现漏水点和设备有故障的情况下，在24h内解决故障，确保用水效率长期达标。

※图7-15　长期运维管理流程示意图

3. 采用关键先进技术

（1）节水计量器具采用智能化带时间切片技术的传感器

依据《用水单位水计量器具配备和管理通则》GB/T 24789—2022的要求，结合学校实际情况，在学校南北区市政进水处、学生公寓、思源楼、厚德楼等教学楼以及食堂等楼前共安装586台NB-IoT智能远传水表及流量计（图7-16），采集各用水点流量、压力等重要用水数据，通过窄带物联网技术通信模块传输至系统平台、手机终端App等，实现用水数据实时化、在线化和智能化，实时远程监控学校用水量变化，及时发现管道漏损、水龙头长流水等异常用水情况，向用水户发出警报信息，及时处理，防止跑、冒、滴、漏现象的发生。

（2）研发并部署可视化、具有大数据处理能力的高校节水监测平台

福水智联利用在城市级漏损治理方面的技术和经验，结合"禹之水"智慧漏损治理系统（软件著作权号：2018SR214452）和公共机构节水监测系统（软件著作权号：

※图7-16　智能化计量器具

2019SR0462466），开发一套针对高校用水户的节水监测系统（图7-17），用于高校日常用水管理，促进高校用水效率的提高，由粗放式管理向精细化管理转变。

此系统包含用水实时监测、管网漏损监测、水平衡动态监测、用水定额分析、供水管网GIS、设备运行管理、设备维修管理、节水制度管理、统计报表分析、集成数据管理十大功能。

（3）网络化DMA分区结合树型结构、VMA分区计量监测技术

福水智联将适用于城市供水管网的DMA分区结合树型结构（图7-18）和VMA分区计量监测技术，引用到高校管网漏损治理中，不仅建立了高校漏损计量模型，还可以根据各分区的泄漏水平决定治理的先后顺序，监测每个树形结构和虚拟计量节点VMA的流量和压力情况，靶向漏损区域，精准定位漏点，实现持续有效监测管网漏损情况的目的。

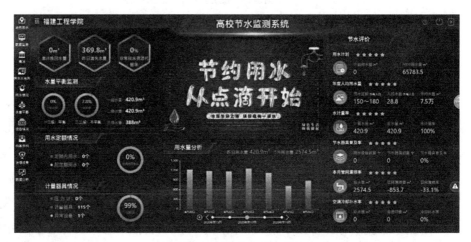

图7-17彩图

※图7-17　高校节水监测系统

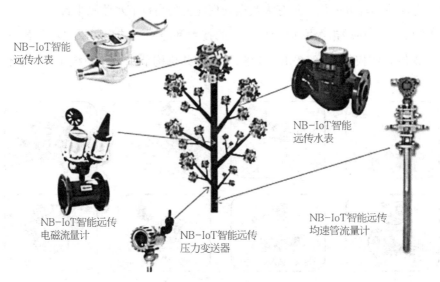

NB-IoT智能
远传水表

NB-IoT智能
远传水表

NB-IoT智能远传
电磁流量计

NB-IoT智能远传
压力变送器

NB-IoT智能远传
均速管流量计

※图7-18　智能传感器部署在树形结构中形成智慧树

（4）漏点定位技术

通过DMA分区结合树型结构、VMA分区计量监测模型和"高校节水监测系统"的大数据分析，靶向漏损区域，分析漏损类别和漏损情况，综合运用示踪气体检漏、负压波检漏、漏水相关仪检漏及漏水噪声听漏等各种探测方法（图7-19），对漏点进行高效精确的定位，漏点定位精度可达1m²。

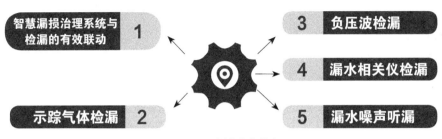

※图7-19 漏点定位技术

7.1.3 完成节水系统构建

1. 节水效果显著

项目实施以来，学校各级领导对该项目的实施进展情况给予了高度重视，多位校领导亲临现场，对项目推进作出重要指示。在各方的关心和支持下，项目组抢抓有利施工条件（疫情导致的延期开学客观上为施工提供了有利条件），加快推进项目进展，2020年6月份实现整体验收，7月份进入效益分享期，比原定时间提前3个月。

截至2020年5月底，先后完成供水管网探测、供水管网漏损监测体系建立、供水管网漏损治理以及室内外消防系统的压力恢复、节水计量器具及节水器具更换，南、北区共计查出地下管网漏点100余处，彻底消除严重漏水问题，每天可减少地下漏水1500t以上，年节水量约为54万t。

2. 完成"监、管、控"三位一体节水系统的构建

通过对校区生活用水管网和消防供水管网加装分区阀门、安装NB-IoT智能远传流量计和水表、部署高校节水监测系统等措施，实现全校区供水管网分区计量监控，并采用环网供水与分区供水相结合的控制方式，实现了分区计量、实时监测、无线传输、数据分析和峰值报警等在线监测功能，使管理更加标准化、精细化、智能化和专业化。通过构建"监、管、控"三位一体的节水监测系统，极大增强了学校供水管网的可靠性，即使是某段主干网发生断裂破损，也只需局部停水即可实现停水检修。通过分区计量，可实时监控各分区的供水和用水情况，出现异常漏损，节水监测系统可快速响应。目前已在全校区供水主管上安装基于NB-IoT的无线窄带物联网智能终端，均已实现数据上传节水监测平台（图7-20和图7-21）。

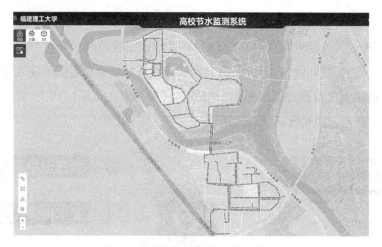

图7-20彩图

※图7-20　实现精细化管理——供水管网GIS

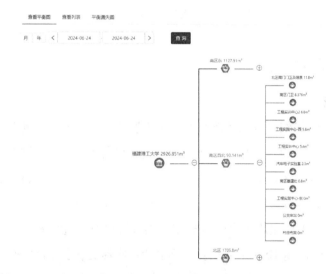

图7-21彩图

※图7-21　实现精细化管理——动态水量平衡

3. 师生节水意识不断增强

利用校园广播、网络、标语、标识等宣传手段，面向校园师生普及节水技能，让节水理念渗透到校园的各个角落。开展节水讲座、培训、观摩、知识竞赛等各具特色的节水教育活动，普及节水知识，培育浓厚的节水校园文化氛围。

7.1.4　经验启示

1. 合同节水管理模式具有强大的生命力

合同节水管理模式是借鉴"合同能源管理"提出的新的商业模式。通过合同节水管理模式，一方面为业主提供专业化的节水治理服务，实现节水治理效果与绩效挂钩；另一方面为项目建设提供资金支持，业主单位则可以将有限的人财物投入精细化管理服务方面，助力提升节水单位智慧校园建设。

2. 依托国家政策导向是节水治水的根本要求

任何行业都应顺应国家政策调控和市场变化，节水治理虽是我国当前水资源匮乏环境下的必行之道，但若没有政府的帮助和推进，节水工作实施会比较困难。正是政府的政策指导使企业、公共机构、高校及高耗水企业对节水治水提高重视，同时也让节水服务企业在项目推广过程中进展更加顺利。

3. 创新科学技术发展是节水治水的关键所在

科技发展日新月异，随着窄带物联网技术、大数据分析技术、人工智能等技术的不断兴起，服务企业只有创新发展战略，加大科技创新研发力度，最大限度地结合当今先进技术来降低节水治水的成本，才能为节水企业创造更大的社会效益和经济效益。

7.2　发力合同节水　实现三方共赢
——河北工程大学节水型高校建设案例

2014年3月，习近平总书记在保障国家水安全会议上发表重要讲话，明确提出"节水优先、空间均衡、系统治理、两手发力"的治水思路，把节水放到国家治水、兴水的首要位置。水利部深入贯彻习近平总书记讲话精神，经过深入研究，提出了合同节水管理的新型市场化、商业化节水模式。该模式是指节水服务运营商通过合同管理的方式集成运用先进适用节水技术，对特定项目进行节水技术改造，建立长效节水管理机制，共同分享节水效益，实现各方共赢。

水利部综合事业局从2014年11月着手合同节水管理项目试点的前期工作，包括项目选点、商务探讨等。经多方努力和协调，当年确定河北工程大学合同节水管理项目作为试点，并与河北工程大学签订了合同节水管理项目试点协议。2015年1月1日，河北工程大学合同节水管理试点项目节水改造工作正式启动，3月底完成施工改造，4月进行试运行，5月正式进入运维管理期，同时产生节水效益。

7.2.1　节约用水刻不容缓

河北工程大学位于河北省邯郸市，是河北省政府和水利部共建高校，具有深厚的水利行业背景。邯郸市人均水资源量仅为192m³，是河北省人均水资源量307m³的3/5，全国人均水资源量2200m³的1/12，属于水资源严重缺乏地区。河北工程大学校园总占地面积2125亩，有主校区、中华南校区、丛台校区、洺关校区4个校区，在校师生达3.4万余人。由于建校年代早，主校区和中华南校区供水管网锈蚀严重，用水设备浪费严重，楼宇用水无法计量，用水环境较差，用水管理不够精细，"跑、冒、滴、漏"问题严重，学校存在水资源浪费较大、水费虚高等现象。仅2014年，河北工程大学主校区和中华南校区管网漏失率都在33%以上，包括水龙头、花洒、小便池、冲厕洁具等在内的用水终端，90%都是旧式不节水洁具，各类用水量合计304万m³（年用水费1079万元），远远高于河北省《生活与服务业用水定额　第1部分：居民生活》DB13/T 5450.1—2021中规定。

如何提高河北工程大学水资源利用效率，减少水资源无效损耗，在邯郸地区打造节水型公共机构的样板，始终是一项要事难事困扰在学校党委领导心头。大家一致认为，解决好河北工程大学高耗水问题，不仅可以成为高校节约水资源的试点示范，而且也可以成为公共机构开展节约水资源工作的重要借鉴，成为推动公共机构资源节约保护的重要推广模式。

7.2.2　构建"合同节水"商业模式

习近平总书记明确提出"节水优先、空间均衡、系统治理、两手发力"的治水思路，对开展节水工作指明了方向，即节水需要政府和市场两个轮子同时动起来，共同发力。然而现状是，传统节水工作完全由政府负责，从安排资金、编写节水方案到组织节水项目实施全由政府包揽，全由水利部门承担。政府"轮子"铆足了转，市场"轮子"反应迟缓。市场"轮子"不转，有其根本性原因：一方面，因为没有合适的节水盈利模式，节水工作具有一定的公益性，而社会资本具有典型的趋利性，没有盈利模式，不能形成获利空间，社会资本是不会感兴趣的；另一方面，节水工作是个系统性工程，节水技术产品分散在不同的企业手中，缺乏一个技术集成平台，成了社会资本参与节水的一道"门槛"。改变现状，最重要的是找到能够让社会资本、政府和用水主体共赢的模式。

水利部综合事业局在参考合同能源管理的基础上，提出了"合同节水管理"的商业模式，并决定在河北工程大学开展试点工作。双方同意，通过市场手段，以合同协议形式共同实践节水改造工程及后期运行维护管理。随后的2014年11月，水利部综合事业局与河北工程大学签订"合同节水管理"战略合作协议，明确中国水务投资有限公司联合北京水务投资中心、河北水务投资集团、天津水务投资集团3家核心股东及水利部科技推广中心等17家技术单位，共同组建了全国第一家以节水治污为主营业务的国有节水服务企业——北京国泰节水发展股份有限公司（以下简称"国泰节水"）。国泰节水具体实施河北工程大学合同节水管理试点项目，投资958万元，约定合同期6年，前3年节水收益全部支付国泰节水，后3年节约的水费由国泰节水与学校共同分享收益，国泰节水分别获取收益的80%、70%和50%。合同期内系统的运行维护，由国泰节水负责，通过合同约定，从节约的水费中每年提取70万元作为运行费用。该项目工作流程如图7-22所示。

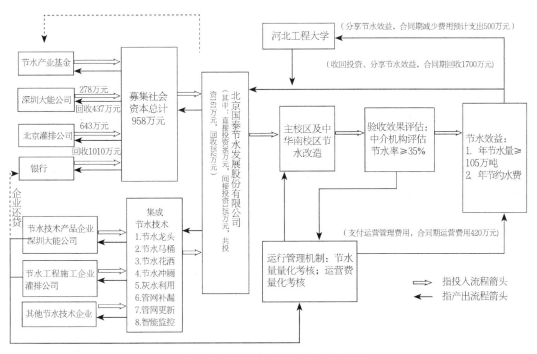

※图7-22 河北工程大学合同节水管理项目工作流程图

7.2.3 实施"合同节水"项目建设

河北工程大学合同节水管理项目于2015年1月1日正式开工，3月31日完工。项目实施工程包括以下几个方面。

1. 以"用"为中心

通过更换节水器具，实现用水环节不浪费。涉及教学楼、学生宿舍楼、办公楼共计69栋。其主要工程有：

（1）更换节水水龙头、节水脚踏阀。

（2）安装小便斗节水冲水阀。

（3）安装红外感应小便池冲厕系统。

（4）安装智能废水冲厕系统与无水小便器。

调查发现，学校用水洁具龙头、花洒、马桶、冲厕设施等都比较老旧，非节水型产品，耗水量高。如水龙头改造前每分钟流量为5～15L，项目节水改造后，每分钟流量不到10L，节水率达50%。项目共更换节水龙头6589只，安装节水脚踏阀4347个，节水小便阀887个，感应小便槽240套，节水马桶34个。

2. 以"供"为前提

通过更换和封堵破损供水管网，实现供水不间断。在对地下管网及设施全面检漏、堵漏的基础上实施5个工程：

（1）改造地下老旧供水管线。

（2）安装智能远传监控水表。

（3）安装更换新型管道阀门。

（4）改造、新建阀门井。

（5）设计安装节水标识井盖。

管网检测与改造技术是通过检测挖掘供水管网漏失点，进而通过堵漏、管道更新等措施降低管网漏失率，减少输水浪费，实现节水的综合技术。管网漏失是学校用水浪费比较严重的环节，通过对项目区的地下管网进行全面检测，发现漏损点近40个，综合水量漏损高达90m³/h。根据对各漏损点的分析评估，项目对损毁较轻的漏损点进行了修补，对损毁较严重的漏损管道，采用PE管及加筋PE管进行更换，共更换地下旧管网3000多米，同时更换井盖200套，安装及更换阀门120个，新安装远传水表65块，实现了主校区和中华南校区各栋建筑运行、监管全覆盖。

3. 以"管"作保障

通过建设节水实时监管平台，对供用水实时监控，及时发现问题，及时维护。在校园原有节能监管平台基础上，学校建成了目前国内高校领先的节水技术集成示范中心，该中心由节水产品展示大厅和节水节能监管平台两部分组成。通过加装控制阀门，细化水表分布，升级节水监控软件，使传输系统实时监控和统计分析更完善，更精细，更人性化，从而实现对项目区内行政办公楼、教学楼、实验楼、图书馆、学生宿舍、学生食堂、公共澡堂的水耗实时动态监测（图7-23）。

供用水监控平台便于实时发现供水环节的漏损与不合理用水事件，同时与"后勤信息化平台"相连接，实现了学校供水系统实时监控与网络报修无缝对接，极大减少了供水管理环节的浪费现象。

4. 其他节水技术

项目在个别学生宿舍楼采用了中水利用、无水小便池等技术，开展了对比实验研究。

7.2.4 "合同节水"三方共赢

该试点项目，建立了"募集资本、集成技术、节水改造、收回投资、长效管理、分享收益"的合同节水管理商业模式，学校不用出一分钱，通过募集社会资本完成节水改造工程，后期用获得的节水效益支付节水改造全部成本，校方和投资方分享节水效益，问题迎刃而解。

数据显示，2015年4月至2019年7月（截至河北工程大学搬迁）共计节水641.9万t，总节约水费2834.8万元，节水率48.9%。同时，合同节水管理项目带来了生态效益与社会效益。根据2014年河北省万元工业增加值耗水17.5t测算，按照年节省的142.9万t水可

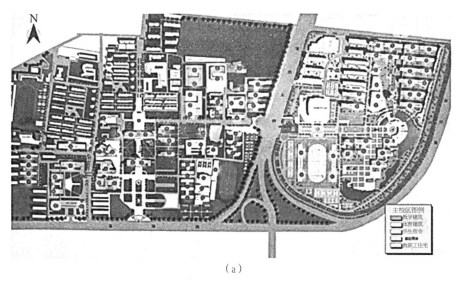

（a）

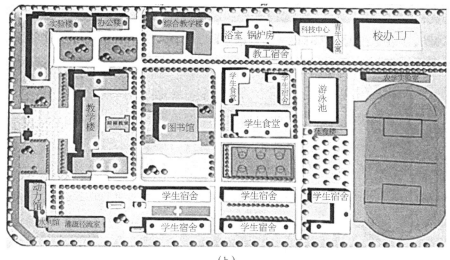

图7-23彩图

（b）

※图7-23　河北工程大学监测点示意图

（a）主校区；（b）中华南校区

以支撑8.13亿元的地区工业增加值。按照邯郸市人均家庭生活用水40t/a计算，可以解决3.6万人的家庭生活用水。按每使用1t清水产生0.85t污水计算，学校每年共计减少排污120万t。项目进入运行期以来，已有几十家单位到河北工程大学调研，实地学习、研讨先进的节水模式。新华社、人民日报、光明日报等多家有影响力的媒体对河北工程大学合同节水管理示范项目进行报道，节水成效在全国"砥砺奋进的五年"大型成就展中展出，发挥了很好的示范带动作用，产生了很好的社会效益。

　　合同节水管理不仅解决了节水改造资金难题，后期运营管理水平的提升同样是合同节水管理带来的新改变。借助包括实时监测、无线传输、数据分析、峰值报警等诸多功能为一体的监视系统，河北工程大学已经形成了监、管、控为一体的节水系统。实行标准化、制度化、智能化、精细化维护管理，从而实现了精细的用水管控与废水的有效利用。在项目合同期内，国泰节水负责节水系统的保养和维护，提供专业化的节水服务，使学校不仅能节约大量水费，还节省了人力、物力和精力。目前学校与之相关的用工人数明显减少，合同节水管理改造后比改造前减少了25人。每年节约工资性费用支出100多万元，节省维护材料费20多万元。在专业化服务方面：采用合同节水管理前，负责用水器具维护的是学校后勤处的职工，干多干少一个样，干好干坏也不会过细地考核。水龙头有微小损坏为了图省事儿一换了之，一个普通水龙头都要几十元钱，更别谈节水型水龙头了。采用合同节水管理后，负责用水器具维护的是国泰节水的职工，采用成本核算绩效考核的方法，同样是水龙头发生损坏，维护工人首先想到的是如何将其修好，自然而然地大大减少了维护成本。

"节水是手段，树立节水理念，强化节水意识，打造节水文化是根本。"河北工程大学校长哈明虎如是说。借助此次合同节水管理试点项目的契机，学校围绕合同节水管理，坚持以文化人、以文育人、精心培育、积极打造并形成了以节水护水、勤俭节约、爱护生态为核心的校园节水文化，使其内化为师生思想自觉和行动自觉。通过搭建平台、举办活动、发布倡议等措施构建全方位、多渠道节水文化宣传体系，营造浓厚节水文化氛围。先后成立校园节水协会、开设节水课程、举办节水研讨会及讲座报告；开通河北工程大学节水网站、举办世界水日和中国节水周宣传、发布节水倡议书、组织节水公益广告语有奖征集；开展合同节水管理研究，设计节水宣传产品；拍摄节水微电影、视频，制作动漫画。通过丰富、不间断的宣传、教育和引导，强化师生节水意识，养成其主动节水的好习惯。

通过打造节水文化，强化节水意识，树立节水理念，开展"节水校园行"活动，3年来学校培育了5.7万余名促进节约用水的义务宣传员，带动5万多个家庭，逾15万人口重视节约用水。根据学校2019年3月的问卷调查统计显示，认为自己节水意识强且能严格要求自己的学生平均达91.1%，较之合同节水管理项目运行之初，提升了33个百分点。学生宿舍的门帘、窗帘上都设计有节水的标志。

7.2.5　合同节水管理模式推广前景广阔

合同节水管理模式通过节水服务公司搭建的技术服务平台，系统集成了先进适用节水技术、产品和工艺，有效解决了节水技术、产品、工艺高度分散与节水技术改造系统性要求的矛盾。技术上具有可行性、先进性，为大规模运用市场机制推动先进适用节水技术和产品提供了有力的借鉴，为进一步运用市场机制，更大规模引入社会资本参与节水事业提供了一条重要而广阔的途径。国泰节水负责同志表示："合同千百项，节水第一项；高效利用水，提质促保障。我们愿意在节水优先的国家计划中履行社会责任，放飞美丽梦想，让合同节水管理发力节水优先决策落地见效。"

合同节水管理模式具有强大的生命力。试点实践表明，推行合同节水管理，有利于集成推广应用先进适用的节水技术产品，提高用水效率，降低污水排放量，改善生态环境；有利于最大限度地吸引社会资本积极投入节水事业，促进节水服务产业的发展；有利于提升用水保障能力，降低用水治污成本，建立长效运行管理机制；有利于促进转变用水方式，推动产业升级和发展方式转变。

合同节水管理具有传统节水模式不具备的诸多优势。合同节水管理从根本上改变了主要靠政府投资并主导的传统节水管理模式，企业投资、效果保障、效益分享、系统服务的特点，决定了其具有传统节水模式不具备的优势，因而可以实现用水户、节水服务企业、政府多方共赢。一是降低了用水户风险，提高了其节水的便捷性。由节水服务企业先行投资实施项目，达到约定目标后，用水户再将节水收益偿付给节水服务企业，同时用水户还可获得部分收益。这种模式大大降低了用水户投资节水的风险，提高了用水户节水的便捷性，调动了用水户主动节水的积极性；二是为节水服务企业开辟了新的利润增长点。该模式为社会资本进入节水领域并取得合理利润开辟了一条通道，激发了市场节水源动力，为社会资本进入节水改造领域提供了广阔的市场，满足了资本趋利性要求，对节水服务产业发展具有重要促进作用；三是有利于促进节水技术的提高和推广。该模式要求节水服务企业系统集成节水技术、产品和工艺，达到节水效果后才能获得收益，只有那些掌握先进节水技术，具备较高综合实力的企业才可能在竞争中取得成功。从而为大规模运用市场机制推动先进节水技术与产品发展提供了空间，为逐步培育成熟的节水市场提供了平台；四是缓解了政府部门的压力。由于该模式由节水服务企业提供全方位系统服务，为创造政府引导、市场主导、全民节水的良好环境提供了坚实基础。

完备的技术流程是实施合同节水管理的必要条件。通过试点看出，完善的市场规则保障了多方实现共赢。合同节水管理的流程主要包括：一是用水单位委托第三方或自行开展节水诊断，分析是否有进行节水改造的必要。如有节水需求，则通过市场寻找能够提供节水服务的企业，双方签订合同节水管理协议，明确节水目标、期限、效益分享方式；二是节水服务企业针对用水单位的实际情况开展节水改造设计，集成先进适用的节水技术，选择符合国家节水标准的节水器具。因合同节水管理需节水服务企业先期投资节水改造项目，多数情况还需节水服务企业进行项目融资；三是节水改造方案确定且项目投资到位后，节水服务企业组织实施节水改造；四是为保证节水成效，节水改造完成后，合同期内一般由节水服务企业负责改造后的节水设施的运营维护工作，在确保节水效果的同时保障用水户的用水质量不降低；五是合同期满后，由用水单位对节水设施进行验收并办理移交手续。如用水单位仍希望该节水服务企业提供节水服务，则另行签署合作协议。

技术集成是实施合同节水管理的关键环节。合同节水管理要达到理想的节水效果，技术力量是关键。在节水改造过程中，需要通过技术集成，选用符合实际、经济合理的技术组成方案。判断技术方案科学合理的主要指标应包括：节水措施的科学性、可行性、适宜性；节水目标（包括节水量、节水率、节水效益）的科学性、先进性、可达性；经济效益、社会效益等其他合理诉求的可保障程度。

7.3 建设海绵校园 有效利用雨水
——福建理工大学鼓山校区海绵校园建设案例

福建理工大学鼓山校区位于福州市晋安区，坐落在福州著名风景名胜鼓山脚下，占地面积约182561m²。2019年6月作为福州市开展"海绵城市"建设试点的地块之一，由福州市政府全额投资，进行海绵校园改造建设，2019年10月基本建成，投入使用多年来，海绵校园效用突显，不仅在防汛排洪中作用明显，而且雨水的管理和利用效果良好，发挥出较好的试点示范效应。

7.3.1 项目分析

1. 海绵校园理念

"海绵校园"源自"海绵城市"，将传统的风险管理转变为分散式的雨水管控模式，强调雨水资源在校园内的入渗、过滤、净化、滞留、蓄流和缓慢排放入校园内部或周边水系，促进雨水的循环利用。海绵校园内部或周边水系应在满足雨洪行泄等功能条件下，实现相关规划提出的低影响开发控制目标及指标要求。

2. 建设背景

福州作为国家级第二批"海绵城市"建设试点城市，制定了《福州市海绵城市试点区域系统化方案》，提出"小雨不积水、大雨不内涝、水体不黑臭、热岛有缓解"的海绵城市整体建设目标；"水清、岸绿、景美、生态"的河道整治目标。福建理工大学鼓山校区属于鹤林片区附属区域源头建设项目，因此将海绵校园的改造目标设置为：水生态方面，年径流总控制率75%；水环境方面，面源污染控制率45%；水安全方面，排水标准3年一遇；水资源方面，雨水资源利用率2%。

3. 区位分析

建设项目位于福州市晋安区，鹤林片区东南部，位于东三环东，临近化工互通，是鹤林片区的源头改造项目之一，南北向长605m，东西向宽416m，可利用面积约182561m²。

4. 自然资源分析

（1）气候

福州市属亚热带季风气候，气候温暖，雨量充沛，雨热同期。东南部纬度较低，地势平坦，濒临海洋，光热资源丰富，越冬条件优越；北部与西部纬度相对较高，又多为中低山，靠近内地，光热资源较差。

这些地理因素的影响，构成了从南亚热带到中亚热带山地多样的气候带或气候类型。

（2）气温

福州市年平均气温28.7℃，极端最高气温（7月）41.1℃，极端最低气温（1月）-2.5℃，热量资源自东南向西部递减，东部、北部的低中山地区极端最低气温在-9～-8℃之间。

（3）降雨

福州市随着地势从东南向西北逐渐升高，年降雨量也随之增加。沿海岛屿年降雨量仅900～1200mm；平原、台地为1200～1400mm；低中山区均在1600mm以上，局部可达2000mm。季节以5月～9月的梅雨和台风雷雨季降雨量最多，占全年总雨量47%～83%。福州市多年平均降雨量和蒸发量如图7-24和图7-25所示。

（4）降雨分配

福州市的降雨按季节分，大致可分为春雨季、梅雨季、台风雷阵雨季和少雨季。

1）春雨季

福州市春雨季一般为3月～4月。一般来说，春雨季降水量为240～420mm，占全年降水量的18%～26%。沿海岛屿或沿海大陆地区春雨所占的比例大于离海洋较远的内陆山区。春雨季的特点是多雨日，日雨量较少，降水强度较弱。

2）梅雨季

福州地区的梅雨季一般出现在5月上旬到6月下旬。这一时期的雨量为400～640mm，占全年的27%～38%，是全年重要的降雨时期，尤其以6月份为多。其降雨特点是：雨

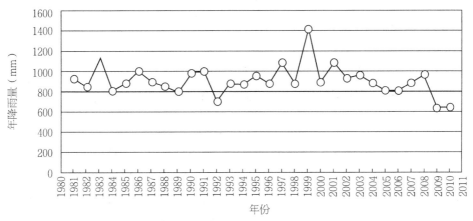

※图7-24　福州市多年平均降雨量示意图

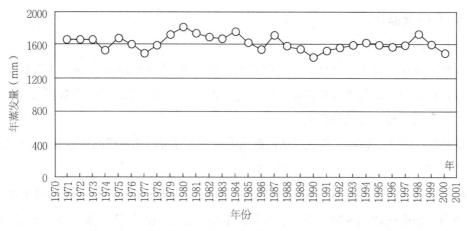

※图7-25　福州市多年平均蒸发量示意图

期长，范围广，雨量多，强度大，常出现大雨到暴雨，易造成洪涝灾害。

3）台风雷阵雨季

夏秋季是福州地区台风多发季节，这个时期的台风发生数占全年台风发生总数的75%以上。台风带来大风，同时也带来充沛的台风雨，极易造成内涝灾害。除了台风雨，在一些强对流的气流辐合地区，常有雷阵雨发生，尤其在本区西部的一些山区。该期降水的特点是：雨量分布很不均匀，变化大。降水量在350~850mm，占全年雨量的27%~36%，降雨形式多暴雨，雷阵雨。

4）少雨季

10月至次年2月是福州地区的少雨季节，多为干冷天气。降水量140~330mm，占全年总降水量的12%~20%。其降雨特点是：雨日较少，降水量少，晴好天气多。常有北方冷空气入侵，尤其是境内西部山区。

设计降雨分为短历时降雨（1年、2年、3年、5年一遇）以及长历时降雨雨型（10年、20年、30年、50年一遇）。

短历时设计雨型为芝加哥雨型。芝加哥雨型为一定重现期下不同历时最大雨强复合而成，是《室外排水设计标准》GB 50014—2021和《城市暴雨强度公式编制和设计暴雨雨型确定技术导则》中推荐的短历时雨型。《福州市城市设计雨型编制技术报告》中采用芝加哥雨型法和Pilgrim & Cordery法推算不同重现期下60min、120min和180min三个历时的设计雨型，并最终根据对工程不利的原则确定采用的设计雨型。

（5）地质地貌/土壤

鹤林片区上层多为填土，渗透系数较大，渗透性能良好，利于海绵城市的建设；下层多为黏土、淤泥，渗透性能较差。在后期深化施工中，设置海绵城市措施需满足土壤渗透系数大于10^{-6}m/s，且地下水位距渗透面高差大于1.0m的要求。若不能满足时，应考虑对下垫面进行改造，如更换渗透系数较高的土壤，增加覆土深度等。施工时对有土壤下渗能力要求的LID下垫面进行改造，更换渗透系数大于10^{-6}m/s的土壤。鹤林片区主要地层渗透系数见表7-1。具体换土范围为雨水花园、下凹式绿地等LID设施的下垫面。

鹤林片区主要地层渗透系数参考表　　　　　表7-1

序号	地层岩性	渗透系数（cm/s）	降雨入渗系数	备注
1	素（杂）填土	$1.5 \times 10^{-4} \sim 2.5 \times 10^{-2}$	$0.35 \sim 0.65$	区域多有分布
2	粉质黏土	$4.5 \times 10^{-6} \sim 1.5 \times 10^{-5}$	$0.01 \sim 0.03$	局部分布
3	泥质砾卵石、碎石	$2.0 \times 10^{-3} \sim 3.5 \times 10^{-1}$	$0.15 \sim 0.25$	山前地带及下部分布
4	淤泥	$1.8 \times 10^{-7} \sim 3.8 \times 10^{-5}$		下部分布
5	粉质黏土	$3.5 \times 10^{-6} \sim 1.0 \times 10^{-5}$		下部分布
6	黏土	$2.8 \times 10^{-7} \sim 3.0 \times 10^{-6}$		下部分布
7	淤泥质土夹砂	$2.3 \times 10^{-7} \sim 3.5 \times 10^{-5}$		下部分布
8	中砂	$1.6 \times 10^{-3} \sim 2.0 \times 10^{-2}$		下部分布
9	（含泥）卵石	$2.5 \times 10^{-3} \sim 1.5 \times 10^{-1}$		下部分布
10	残积土	$3.0 \times 10^{-5} \sim 1.8 \times 10^{-4}$	$0.05 \sim 0.10$	山麓地带及下部分布

5. 下垫面现状分析

建设项目的下垫面情况如图7-26（a）所示。根据表7-2中下垫面径流系数的取值范围，该方案屋面、不透水铺装径流系数取0.9，绿地径流系数取$0.15 \sim 0.3$。改造前场地现状径流系数见表7-3。通过分析场地内各种下垫面类型，通过加权平均法计算出场地现状综合雨量径流系数为0.62。

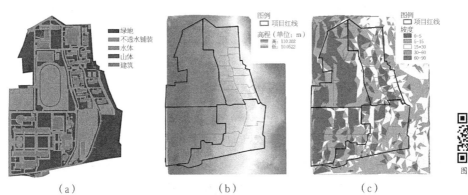

图7-26彩图

※图7-26　建设项目下垫面及高程坡度分析图

（a）下垫面分析图；（b）高程分析图；（c）坡度分析图

不同下垫面系数参考表   表7-2

汇水面种类	流量径流系数	雨量径流系数
硬屋面、未铺石子的平屋面、沥青屋面	0.95	0.9
绿化屋面	0.35	0.35
混凝土和沥青路面、广场	0.9	0.9
块石铺砌路面	0.65	0.6
干砌砖石或碎石路面及广场	0.5	0.4
透水铺装地面	0.4	0.4
非铺砌土路面	0.35	0.3
绿地	0.2	0.15
水面	1	1
地下建筑覆土绿地（厚度≥500mm）	0.25	0.15
地下建筑覆土绿地（厚度<500mm）	0.4	0.4

场地现状径流系数取值一览表   表7-3

场地类型	绿地	屋面	不透水铺装路面	山体	水面
面积（m²）	49877	25465	83243	23593	384
径流系数取值	0.15	0.9	0.9	0.3	1
总面积（m²）	182561				
综合雨量径流系数	0.62				

6. 地形分析

建设项目整个地块位于鹤林片区东南部，总体东高西低，高程在63.8～11.8m范围，高差约52m，相对落差极大（图7-26b）。现场带有典型阶梯性和坡向，山体上有挡土围墙，校园东侧挡土墙高差在5m左右；校园内也有若干阶梯挡土墙和大缓坡，高差0.6～5m。场地东侧校门和南侧排（山洪）洪沟地势较低，为场地主要排水出口。整个场地和校门外侧道路高差有1～2m，南侧排洪沟沟深约3m。建筑屋面雨水主要通过现状室外雨落管排入排水沟，再从地下流入建筑四周雨污水井。

7. 坡度分析

建设项目地处山地边沿，坡度变化比较剧烈。地势相对平坦的地方基本为已开发的建设用地与水体，地势陡峭的地方基本为山地。局部为阶梯状地形，坡度变化明显，如图7-26（c）所示。根据坡度与现状条件，合理进行低影响开发设施的布设。

8. 地表径流方向分析

项目地块总体呈东高西低，高程在63.8～11.8m范围，高差约52m，相对落差极大，地表雨水径流整体趋势向西流动。现场带有典型阶梯性和坡向，局部区域地表雨水径流呈现向南或向北流动。屋面雨水主要通过室外雨落管排入建筑周围排水沟，地表雨水径流就近流入校区地下管网，场地主要排水出口为地势较低的东侧校门和南侧排洪沟（图7-27a）。该校区无历史积水问题。

9. 场地及周边汇水分析

建设项目内地势高差明显，地表径流方向总体自东向西。内部雨水排入校内雨水管、校内污水管，或直排入草沟或混凝土排水沟。由于校园处于山坡上，雨水从东侧鼓山汇入，东侧围墙处设截洪沟。雨水排入市政雨水排水系统，或直排入校外南侧排洪沟。场地及周边汇水情况如图7-27（b）所示。

10. 排水系统分析

（1）排水管网分析

场地为雨污合流，雨污管线混接。场地内雨水管线管径最小为 $DN300$，最大为 $DN1200$。排水沟尺寸有 200×200、250×250、250×300、250×350、300×200、300×300、300×350、350×250、350×300、400×700、450×600、500×350、500×550（单位：mm）等类型。雨污管线分布较为密集，部分雨水管沟上游尺寸规格大于下游管沟尺

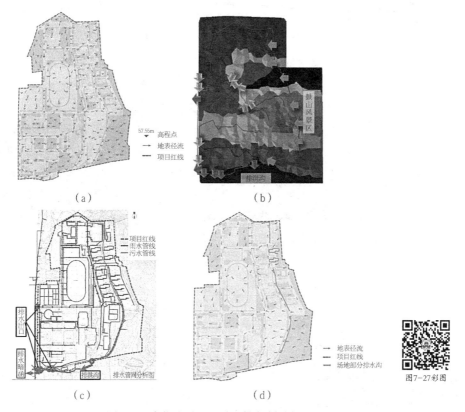

※图7-27　建设项目场地汇水及排水分析图

(a)地表径流方向图；(b)场地及周边汇水分析图；(c)排水管网分析图；(d)排水沟分析图

寸，或未通过雨水管线而通过排水沟/雨污合流井直接流入污水管网。场地山体绿地较多，高差较大，导致雨水难以截留收集。现状校园内排水系统有6处出口，2处从校园西侧流出接入市政雨水系统，另4处雨水排水管从南侧流出排入沟渠，最后均排入南侧东三环穿路暗涵。场地排水管网分布情况如图7-27（c）所示。

（2）排水系统分析

排水沟内接入各种管线，有雨污混流情况。场地有山体客水进入，雨天场地内流量大，需要快速排水。场地内较多挡墙，排水时从挡墙接出雨水管流入雨水系统中。场地内水体浑浊。篮球场全部为硬质不透水地面，周边有排水沟（图7-27d）。场地地形坡度大，雨水流速大。绿地长势较差。场地排水情况如图7-28所示。

图7-28彩图

※图7-28　建设项目排水系统现场图

11. 现状景观铺地分析

校内车行道路均为水泥路面；篮球场、排球场、网球场等均为水泥地面；大部分场地铺地均为水泥地面，老旧龟裂；有少部分局部场地有瓷砖、水泥砖铺地，日久陈旧。

12. 现状种植优劣分析

校内大乔木众多，长势优良，但除主入口轴线区域绿化维护优良外，其他地方地被良莠不齐，杂木野草疯长。

校内景观空间基本都是二十年前的施工成果，设施陈旧，功能设计过时，不能满足现代校园需求；严重缺乏室外休闲休憩空间和设施；严重缺乏现代校园文化功能设施。

13. 问题识别

（1）教学区

高程11.80～33.05m；阶梯状地形，每层坡度相对平缓；雨污混接后入市政雨水管，分流制混接排口入外部水系，影响生态；部分水体水质较差；绿化较好；普通铺装，但铺装路面磨损严重；景观效果一般。

（2）生活区

高程23.39～45.30m；坡度较陡；雨污管线混接，上游山体雨水洪水排入污水管线，雨水排水系统管线过水面积突变变小和逆坡、管渠淤堵导致排水不畅；有部分山体客水汇入；路面磨损严重；部分场地利用率低；绿化较好；景观效果一般。

（3）运动区

高程13.46～29.31m；坡度相对较缓；污水排入雨水管再接市政雨水管，分流制混接排口入外部水系，上游地表盖板渠过水面积大于下游；部分绿地无利用，无人管理，景观效果差。

（4）休闲区

高程18.00～60.99m；坡度多变山体陡峭；雨污合流，就近汇入地表水体，水质恶化，影响生态；部分水体水质较差；景观效果差。

14. 现状问题分析总结

总结现状问题，比较突出的问题包括：雨污分流制混接排水体制，局部段管渠过水面积上游大于下游；现场绿化较差，水景水质差；现状排水设施老旧且垃圾较多，部分路面排水设施破损严重；现场地面铺装破旧，其他市政管线混乱。

因此，需要雨污分流改造，梳理排水系统；景观有较大的提升空间；维修和更新老旧排水设施，美化环境；更新地面铺装为透水铺装。

15. 初步设计图纸提资需求

（1）水资源调研

根据现场调研情况，校园内存在可利用的山泉水源，因口述信息不准确，为利用山泉活水和雨水，需提供泉水流量数据及具体点位。

（2）水系调研和排水管网系统补测

因现有资料存在局部段管渠过水面积上游大于下游，或雨水管与污水管标高信息冲突，或排水去向不明确，需提供准确的雨污管线地勘和测绘信息、校园水系和山体排洪渠信息。如：

1）雨水排水渠在YS603–YS672段上游有两支渠分别为500mm×350mm和500mm×550mm，其下游为两支渠均为200mm×200mm且有区间汇流，上游排水渠规格大于下游，上游排水渠坡度大于下游。下游排水渠过水能力约26L/s，远远小于上游（约479L/s）。

2）雨水YS94–YS95管段DN500与污水WS269–WS88管段DN200平面交叉点位标高冲突，雨水管内底标高37.511与污水管内底标高37.94较接近，需确认。

3）现状水系（宽度0.8m）的末端（X=436752.455，Y=2887018.432）后排水去向不明确，与其邻近的排水渠（400mm×500mm）起点YS585关系不明。

4）东部山体排水渠起点（X=436794.086，Y=2886973.435）上游是否与邻近沟渠存在水力联系，其邻近沟渠起点（X=436834.653，Y=2886807.662）、终点（X436782.099，Y=2886972.400）上下游情况不明。

5）根据现场调研情况，局部区域污水管线直排入山体排洪暗渠，应查明污水管线接出情况、排洪渠位置流向及规格等信息。

6）无操场最新改建后的排水管网资料。

（3）地下综合管线：西校门入口广场拟建地下蓄水设施，方案设计前需提供该处场地地下综合管线和地下设施资料。

（4）地形资料：校园有山体客水汇入，其研究范围应不局限于校园，应包含其上游全部流域；现东侧山体地形资料不全，难以界定校园的客水汇水流域；西侧东三环地形资料不全，校区西围墙附近缺测绘资料。需补充校园东侧和西侧地形测绘资料。

（5）污水水量：由于实施雨污分流改造，需要重建校内污水管线，需提供校内污水量或用水量数据。

7.3.2 设计策略

1. 设计策略原则

（1）海绵校园

结合校园内现状，植入海绵元素，逐步构建一个完整、完善的海绵体系，收水、蓄水、渗水、净水，使其成为福州公建类海绵提升示范项目。

（2）人性宜居

关注师生学习、生活、健身、出行、交流需求，尊重地方文化，依据当地气候设计舒适宜人的空间，丰富户外生活，提升生活品质，让海绵元素直观化，提升大众环保认知。

（3）生态美学

采用生态的设计手法，打造校园生态微气候。最大限度使用当地和现场的材料和植被，结合先进设计手法，实现生态与美学的融合。

2. 设计目标

以"海绵校园打造绿色健康的学习成长环境"为设计目标，使现状条件最大化利用，年径流总量控制率为75%，面源污染控制率为45%，提高排水系统排水能力，改善师生的生活环境，提升景观品质，有效控制成本，增强场地雨水渗透能力，提高雨水资源利用（雨水资源利用率2%或自来水替代率10%）。

3. 计算说明

《室外排水设计标准》GB 50014—2021规定了径流系数（表7-4），汇水面积的综合径流系数应按地面种类加权平均计算，可按表7-5的规定取值，并核实地面种类和比例。

径流系数表　　　　　　　　　　　　　　　　表7-4

地面种类	ψ
各种屋面、混凝土或沥青路面	0.85 ~ 0.95
大块石铺砌路面或沥青表面各种的碎石路面	0.55 ~ 0.65
级配碎石路面	0.40 ~ 0.50
干砌砖石或碎石路面	0.35 ~ 0.40
非铺砌土路面	0.25 ~ 0.35
公园或绿地	0.10 ~ 0.20

综合径流系数表　　　　　　　　　　　　　　　　表7-5

区域情况	ψ
城镇建筑密集区	0.60 ~ 0.70
城镇建筑较密集区	0.45 ~ 0.60
城镇建筑稀疏区	0.20 ~ 0.45

屋面径流系数取0.9，不透水铺装或水泥路面径流系数取0.9，绿地径流系数取0.15。依据《海绵城市建设技术指南（试行）》加权平均法计算求得综合径流系数。

$$\varphi=\left(\varphi_{绿地}F_{绿地}+\varphi_{屋面}F_{屋面}+\varphi_{水泥路面}F_{水泥路面}+\varphi_{不透水铺装}F_{不透水铺装}\right)/\left(F_{总面积}\right)$$

计算得到该项目LID设施应具有的调蓄容积即控制容积V：

$$V=10H\varphi F \qquad (7-1)$$

式中　V——设计调蓄容积，m^3；

　　　H——设计降雨量，mm；

　　　φ——综合雨量径流系数，按地块下垫面比例加权平均计算；

　　　F——汇水面积，hm^2。

面源污染控制也是海绵校园建设的目标之一，污染物指标可采用悬浮物（SS）、化学需氧量（COD）、总氮（TN）、总磷（TP）等。径流污染物中，SS往往与其他污染物指标具有一定的相关性，因此，一般可采用SS作为径流污染物控制指标，低影响开发雨水系统的年SS总量去除率一般为40%~60%。年SS总量去除率可用下述方法进行计算：

年SS总量去除率=年径流总量控制率×低影响开发设施对SS的平均去除率

污水流量计算：在缺少污水实测资料时，根据《室外排水设计标准》GB 50014—2021计算得到校园内生活污水流量，并据此设计污水管线：

$$Q_{dr}=Q_d+Q_m \qquad (7-2)$$

式中　Q_{dr}——截留井以前的旱流污水设计流量，L/s；

　　　Q_d——设计综合生活污水量，L/s；

　　　Q_m——设计工业废水量，L/s。

生活污水量可按当地相关用水定额的80%~90%采用。

综合生活污水量总变化系数可按当地实际综合生活污水量变化资料采用。

污水量计算可根据《福建省城市用水量标准》DBJ/T13—127—2010，使用人均综合用水量指标和单位居住用地用水量指标进行水量计算。

4. SWMM建模

该项目场地面积大于10ha，建立SWMM模型复核计算。

选择美国EPA SWMM5.1作为该小区雨水管控主要模拟评估工具。EPA SWMM模型是一个动态的降水—径流模拟模型，主要用于模拟城市某一单一降水事件或长期的水量和水质模拟，包含径流模块和汇流模块。该模型可以跟踪模拟不同时间步长任意时刻每个子流域所产生径流的水量和水质，以及每个管道和河道中水的流量、水深及水质等情况。

模型首先对现状系统情况进行了评估和梳理，对现状管道能力和内涝风险进行了量化评估分析，辅助规划方案的制定。其次对规划改造方案进行校核，并特别针对合流制溢流评估进行了多方案的测算和比选，进一步辅助了方案的优化。模型界面如图7-29所示。

此次建模工作主要包含了以下几个方面：

（1）根据提供的基础物探数据和其他信息，对项目区雨水排水系统模型（管网+河道），设立水文水力相关参数并根据监测资料和历史积水情况完成相关参数的校核。

（2）以校核后的模型为基础，进行模型现状及规划改造方案的评估分析。

1）水安全：分别利用模型对现状及规划的管道能力和内涝积水进行量化评估，并对现状积水成因进行详细分析。

2）水生态：对现状及规划后的年径流总量控制率进行评估，利用模型量化计算海绵改造后区域年径流总量控制率。

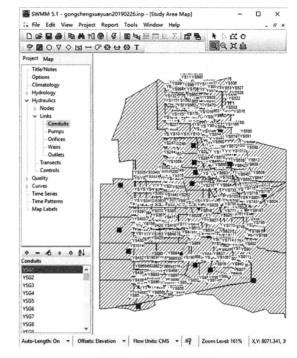

※图7-29　模型界面示意图

3）水环境：通过SWMM污染模拟模块初步探索雨污分流改造后TSS削减控制率模型测算方案，评估削减效果以及海绵LID设施的运行效果，为规划效果提供量化评估依据。

改造前后模型界面如图7-30所示。

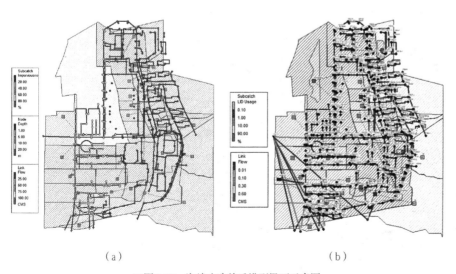

图7-30彩图

（a）　　　　　　　　　　　　　（b）

※图7-30　海绵改造前后模型界面示意图

(a) 改造前；(b) 改造后

7.3.3　LID方案设计

1. 景观设计

景观设计内容包括：对现状破旧路面进行翻新整改；校内室外现状水泥地面休闲场地整改为透水铺装；利用校内荒废的几处空间设计成雨水公园；增加供师生室外休闲休憩的空间设施；对现状篮球场进行改造升级，设计成彩色透水塑胶；部分绿化空间结合LID形成海绵景观；整改风雨篮球场；东南部山体坡地树林设计成海绵休闲公园；整改校内良莠不齐的地被种植景观；利用坡地现状，结合海绵收水导水特性，形成独特的跌水景观；所有地面停车位整改为透水砖停车位。

（1）景观设计总平图

海绵景观景点包括（图7-31）：①主入口透水铺装前广场；②彩色透水球场；③小型海绵湿地公园；④特色雨水花园；⑤风雨球场；⑥"半亩方塘"休闲公园；⑦山地野

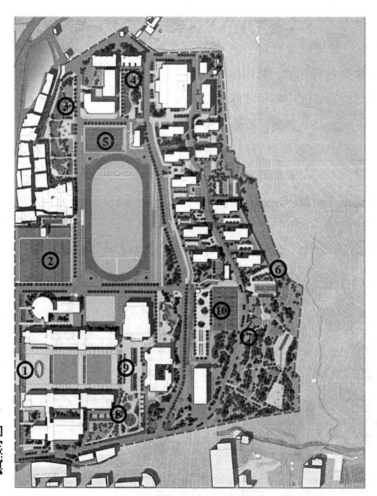

图7-31彩图

※图7-31　景观设计总平图

趣休闲公园；⑧读书主题特色雨水公园；⑨图书馆透水铺装前广场；⑩运动体育公园。

（2）主要景观设计

主要景观包括入口轴线（图7-32a）、图书馆广场区（图7-32b）、相思林区（图7-32c）、宿舍区（图7-32d）、体育场馆区（图7-32e）、运动广场区（图7-32f）。因地制宜设计各景观内容，如入口轴线主要采用石材铺装，结合透水混凝土，设计透水停车场、景观亭、雨水花园等。

图7-32彩图

（a）

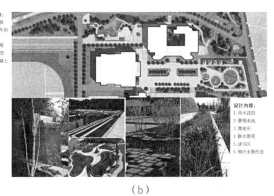

（b）

（c）

（d）

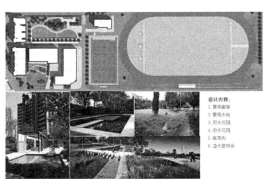

（e）

（f）

※图7-32 主要景观设计

（a）入口轴线；（b）图书馆广场区；（c）相思林区；（d）宿舍区；（e）体育场馆区；（f）运动广场区

2. 雨水调蓄流程

在场地的绿地中设置雨水花园、下凹式绿地、生态调蓄沟、雨水蓄水模块、调蓄湖水等海绵设施，主要处理山体、屋面和自身雨水，将部分道路及非机动车停车位设计成透水铺装，主要处理自身雨水。在蓄水设施前端布置弃流、过滤设备，并就近连接雨水调蓄设施，存蓄场地雨水回用于绿地浇灌、洗车及水景补水。

屋面雨水通过雨落管断接进入植草沟/排水沟，再通过植草沟汇入雨水花园，或断接到绿地中，由绿地再排入周边生态渗透沟。

靠近道路一侧设置路缘石排水沟，将道路雨水通过植草沟或盖板排水沟引至附近雨水花园等海绵调蓄设施，或通过雨水口汇入内部雨水管网。

在生态调蓄沟出水口处布置初步过滤设施，对雨水进行初期过滤净化处理。

在下凹式绿地、雨水花园、调蓄设施内设置溢流井，如遇到超标暴雨时，海绵调蓄设施调蓄容量小于降雨量，则在海绵设施内形成洼蓄，高于设计调蓄深度时，滞蓄的雨水通过溢流井，排入内部管网。

通过弃流、过滤后排入场地新建/改建雨水调蓄池内的水，可以回用于绿地浇灌。

当调蓄池的存蓄容积不足时，通过溢流系统引入外部市政雨水排水系统。

雨水调蓄流程如图7-33所示。

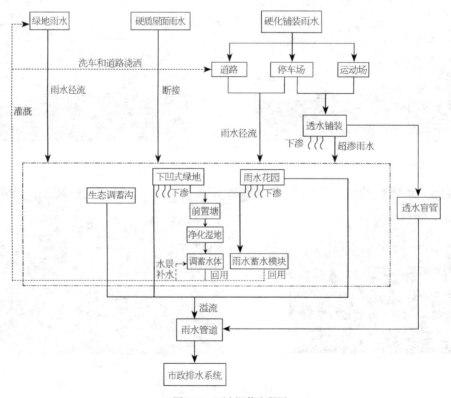

※图7-33　雨水调蓄流程图

3. 汇水分区划分

学校内部为分流制雨污混接排水体制，根据场地内下垫面性质和排水出路分为27个子汇水分区。相应东侧鼓山风景区客水流域划分为9个汇水分区。学校场地建设后综合径流系数取值为0.48。

4. 海绵设施平面布置

海绵设施平面布置如图7-34所示。

5. 海绵设施与径流流向图

海绵设施与径流流向情况如图7-35所示。

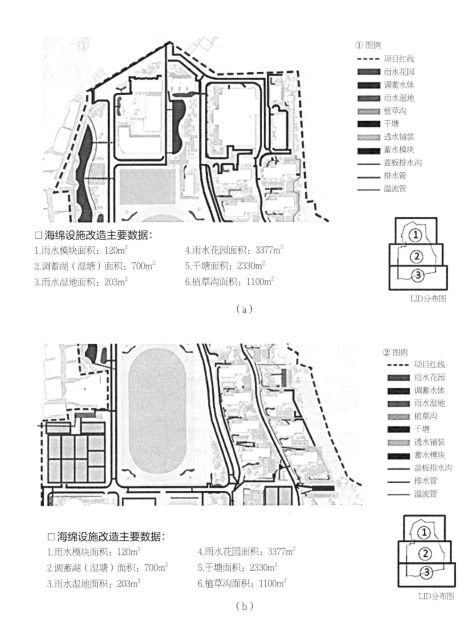

（a）

（b）

图7-34彩图

□海绵设施改造主要数据：

1.雨水模块面积：120m²　　　4.雨水花园面积：3377m²

2.调蓄湖（湿塘）面积：700m²　5.干塘面积：2330m²

3.雨水湿地面积：203m²　　　6.植草沟面积：1100m²

（c）

※图7-34　海绵设施平面布置图

（a）LID①区；（b）LID②区；（c）LID③区

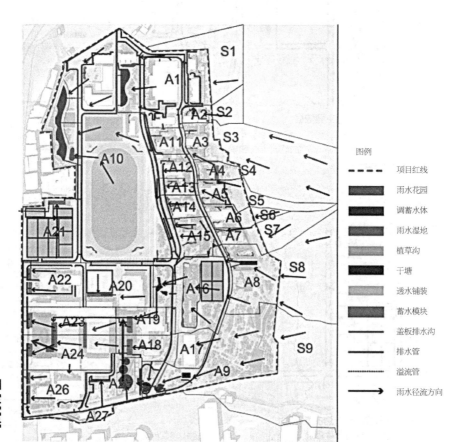

图7-35彩图

※图7-35　海绵设施与径流流向示意图

6. 管线改造

（1）雨水管线改造

1）新建排水管沟：就近收集雨水进入LID设施中，超标雨水溢流排入现状雨水排水系统。

2）现状雨水箅子更新：改造为截污型雨水口。

3）雨落管断接：雨落管断接处理，雨水经建筑周边排水沟就近排入LID设施中，超标雨水溢流排入现状雨水排水系统。

4）管段逆坡改造、现状雨水管线提标。

5）排水沟改生态草沟（约150m）。

（2）污水管线改造

1）新建污水管线：280m。

2）新建污水井：10座。

3）现状污水管改造：50m。

雨水、污水管线改造情况如图7-36所示。

7. 雨水回用系统

新建雨水池（雨水模块）2座，容积分别为120m³和228m³。扩建及新建水景，容积为912m³。设置水质循环净化系统2套。雨水回用流程和分布情况如图7-37所示。

8. 海绵设计目标

根据《福州市海绵城市试点区域系统化方案》，建设项目属于鹤林片区源头建设项目，此次海绵化改造目标为：年径流总量控制率75%、面源污染控制率45%。

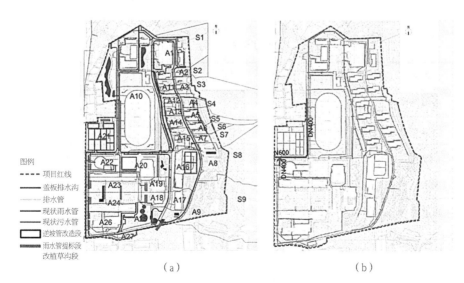

图7-36彩图

（a）　　　　　　　　　　（b）

※图7-36　雨水及污水管线改造示意图

（a）雨水管线；（b）污水管线

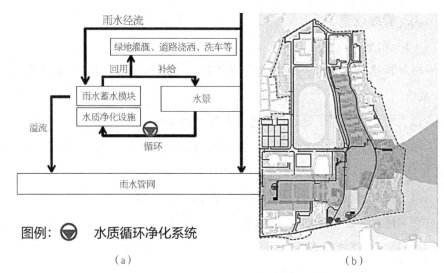

图7-37彩图

※图7-37　雨水回用流程示意图

（a）雨水回用流程；（b）雨水回用示意图

根据改造后场地内下垫面类型，综合计算出需调蓄容积2607m³。

9. 海绵设施调蓄容积计算及达标分析

通过海绵设施改造，项目场地雨水径流控制量可达到3556m³，大于地块需要调蓄量2607m³，容积法复核年径流总量控制率可达到78%，满足年径流总量控制率75%的指标要求。

10. 海绵设施污染去除率计算

年SS总量去除率=年径流总量控制率×低影响开发设施对SS的平均去除率，即年SS总量去除率=77%×78%=60%>45%，达成污染控制目标。具体计算数据见表7-6。

面源污染控制（污染物SS去除率）计算表　　　　　　　　　　表7-6

序号	设施	SS去除率（%）	径流控制量（m³）	处理雨水量百分比（%）
1	透水铺装	80	110.2	3
2	雨水模块	75	228.0	6
3	干塘/湿塘	85	1643.8	45
4	雨水湿地	85	61.0	2
5	雨水花园	85	1444.9	40
6	下凹式绿地	35	149.2	4
低影响开发设施SS去除率=		77%		
年SS总量去除率=		61%		

11. SWMM模型模拟结果

（1）径流控制率分析（以设计典型年2011年数据为例）

选取2011年作为典型年。输入全年降雨数据。年总降雨量1245mm。与多年平均降雨量1372mm相差9%。该模拟结果仅作为参考，实施海绵改造后，模拟当年地块产生径流总量从106510m³削减至外排径流总量2755m³，年径流总量控制率可达到98%。

（2）峰值削减分析

24.1mm设计暴雨雨型情况下，项目实施海绵改造后，地块外排径流峰值从1382L/s削减至609L/s，削减率达到56%。3年一遇120min设计暴雨雨型情况下，实施海绵改造后，地块外排径流峰值从2115L/s削减至1118L/s，削减率达到53.7%。

总体而言，实施海绵改造后，设计降雨量芝加哥雨型情况下年径流总量控制效果：地块外排径流总量从2244m³削减至491m³，年径流总量控制率可达到78.1%；年污染物SS总量去除率：地块外排TSS总量从1760kg削减至338kg，单次降雨过程污染物去除率可达到81%；峰值流量削减效果：地块最大出流量改造前$Q_{总-前}$=1.382m³/s，改造后$Q_{总-后}$=0.609m³/s。达成设计目标。

12. 雨水回用计算

该设计调蓄池容积为228m³=120m²（面积）×1.9m（蓄水高度），以典型年2011年全年降雨数据进行水平衡计算，则全年实现雨水利用率约为41%，自来水替代率14.6%。此次设计调蓄水体同时具备雨水回用功能，将储存起来的雨水再利用，主要回用于水景补水、绿化喷洒、浇灌等微喷灌系统。

13. 技术措施

（1）雨水花园

在成片绿地内设置雨水花园，通过局部下凹的微地形收集周边路面和屋面雨水。雨水花园下凹深度35cm，底部构造由上至下分别为蓄水层、护根层、介质层、透水土工布、砾石排水层等。雨水花园内设置雨水溢流井，溢流井标高高于蓄水层底部，溢流雨水排入周边雨水管网。栽植的植物配置选用福州当地的雨水花园植物，既能达到景观提升的目的，又能大幅降低初期雨水对承受水体的污染。

（2）雨水竖管断接

将进入地下井室的雨水落管断接，若下落处没有建筑散水消能，则需要进行卵石加固或者设置消能台，通过竖向或者导流进入附近的雨水LID设施，实现屋顶雨水的源头削减。

（3）前置塘和雨水净化湿地

1）前置塘

前置塘为预处理设施，起到沉淀径流中大颗粒污染物的作用。池底一般为混凝土或块石结构，便于清淤。前置塘应设置清淤通道及防护设施，驳岸形式宜为生态软驳岸。

2）雨水净化湿地

雨水净化湿地是将雨水进行沉淀、过滤、净化、调蓄的湿地系统，同时兼具生态景观功能，通过物理、植物及微生物共同作用，达到净化雨水的目的。

（4）透水铺砖

透水铺装主要包括三种形式：透水混凝土、透水砖和透水沥青，该方案采用三种铺装形式，通过颜色变化丰富景观空间，同时增强场地雨水渗透性，降低雨水径流量。

（5）植草沟

在道路两侧绿地内适当位置设置转输型植草沟，起到对路面雨水的转输作用，将路面雨水就近接入雨水花园、湿地或下沉式绿地中。植草沟深度15cm，宽度根据实际情况调整，可局部放大或缩小，以达到一定景观效果。

在东部宿舍楼西侧坡地绿地内设置调蓄植草沟，可以调蓄转输雨水。

（6）盖板排水沟

利用截水沟、盖板排水沟截留道路雨水和山体雨水，将雨水引进附近雨水花园或调蓄设施中。截水沟设置在坡度较大的山地坡面上、台阶前。

（7）多介质面源污染分离雨水口

多介质面源污染分离雨水口主要用于排除雨水并控制面源污染。初期雨水经截污挂篮沉淀过滤后，依次进入中层多介质滤料和内筒，逐步净化，最后排入市政雨水管道。后期雨水经过中层滤料上部，溢流至内层，直接排放。中层滤料为多介质复配滤料，具有生物降解功能，且易于清理泥砂杂物。

中小雨时，雨水经过截污挂篮，大雨时，雨水经过截污挂篮多介质过滤料包，过滤后排放，从溢流口顺畅流入市政管网。

14. 海绵设施养护要求

（1）雨水管网设施养护要求

1）严禁向雨水口倾倒垃圾和生活污废水。

2）雨水口、屋面雨水斗应定期清理，防止被树叶、垃圾等堵塞。雨季时应增加清理排查频率。

3）对校区雨污水管以及LID设施连接管进行定期清理和疏通。

（2）雨水花园养护要求

1）用于雨水消纳的绿地，应根据季节变化进行养护。应对暴雨后残留的垃圾进行清理。

2）溢流口堵塞或淤积导致过水不畅时，应及时清理垃圾和沉积物。

3）进水口、溢流口因冲刷造成水土流失时，应及时设置碎石缓冲带或其他防冲刷措施。

4）当设施渗透能力大幅下降时，应采用冲洗、负压抽吸等方法及时进行清理。

5）在暴雨过后，应及时检查雨水花园的覆盖层和植被受损情况，及时更换受损覆盖层材料和植被。

6）应根据《园林绿地养护技术规程》进行养护，必须严控植物高度、疏密度，保持适宜的根冠比和水分平衡。

7）应定期对生长过快的植物进行适当修剪，根据降水情况对植物进行灌溉。

8）严禁使用除草剂、杀虫剂等农药。

（3）透水铺装设施养护要求

1）面层出现破损时，应及时进行修补或更换。

2）出现不均匀沉降时，应进行局部整修找平。

3）应定期采用高压水冲洗、负压抽吸等方法进行清理维护。

4）每年雨季之前和雨季中期，至少各进行检修一次。

（4）前置塘和湿地设施养护要求

1）应根据季节变化进行养护，应对暴雨后残留的垃圾进行清理。

2）溢流口堵塞或淤积导致过水不畅时，应及时清理垃圾和沉积物。

3）雨季过后，应及时检查前置塘和湿地的淤堵和植被受损情况，及时清理维护。

4）应根据《园林绿地养护技术规程》进行养护，必须严控植物高度、疏密度，保持适宜的根冠比和水分平衡。

5）应定期对生长过快的植物进行适当修剪，根据降水情况对植物进行灌溉。

6）严禁使用除草剂、杀虫剂等农药。

7.3.4 监测系统分析

为项目的年径流总量控制率、径流污染削减率的计算提供依据，需要设计并实施监测方案。项目实施过程中，为监测设备预留了安装位置。

监测点的选择，主要是根据项目雨水管网排水和LID布局分析（图7-38），在主入口典型雨水花园、雨水模块入口和出口分别设置监测点，进行水量水质监测。

监测指标包括：流量和水质常规指标（SS、COD、TN、TP、NH_3-N）等。

图7-38彩图

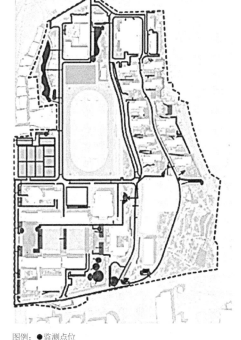

图例：●监测点位

※图7-38 监测点位示意图

主要参考文献 🌢

［1］习近平. 高举中国特色社会主义伟大旗帜 为全面建设社会主义现代化国家而团结奋斗——在中国共产党第二十次全国代表大会上的报告［M］. 北京：人民出版社，2022.

［2］中共中央文献研究室. 习近平关于社会主义生态文明建设论述摘编［M］. 北京：中央文献出版社，2017.

［3］中共中央宣传部，中华人民共和国生态环境部. 习近平生态文明思想学习纲要［M］. 北京：学习出版社，人民出版社，2022.

［4］习近平. 论坚持人与自然和谐共生［M］. 北京：中央文献出版社，2022.

［5］CULLMANN J, DILLEY M, EGERTON P, et al. 2021 State of Climate Services: Water［R］. Geneva: World Meteorological Organization (WMO), 2021.

［6］United Nations. The United Nations World Water Development Report 2023: partnerships and cooperation for water［M］. Paris: United Nations Educational, Scientific and Cultural Organization (UNESCO), 2023.

［7］翟平国. 大国治水［M］. 北京：中国言实出版社出版，2016.

［8］郑理峰. 气候变化影响下全球水资源面临的风险存在系统性低估［J］. 水利水电快报，2023，44（04）：1.

［9］MCFARLANE I, ZERZAN R, MADONIA K, et al. State of World Population 2022［R］. New York: United Nations Population Fund, 2022.

［10］中华人民共和国水利部. 2022年中国水资源公报［R］. 北京：中华人民共和国水利部，2023.

［11］中华人民共和国水利部. 1999年中国水资源公报［R］. 北京：中华人民共和国水利部，2000.

［12］中华人民共和国国家统计局. 2022年国民经济和社会发展统计公报［R］. 北京：中华人民共和国国家统计局，2023.

［13］肖金林. 习近平新时代治水理念研究［D］. 郑州：河南工业大学，2022.

［14］李雪松. 中国水资源制度研究［D］. 武汉：武汉大学，2005.

［15］邢西刚，汪党献，李原园，等. 新时期节水概念与内涵辨析［J］. 水利规划与设计，2021（03）：1~3+52.

［16］黄昌硕，莫丽娟，耿雷华，等. 江苏省综合节水理论研究与实践［J］. 江苏水利，2023（04）：1~4+11.

［17］张丹. 节水型社会评价指标体系构建研究［D］. 西安：长安大学，2013.

［18］尉良营，仇志国，孙宝芳，等. 高炉循环冷却水系统的改进与实践［J］. 山东冶金，2023，45（06）：78～80.

［19］蒋莉蓉. 市政管网漏损检测技术与策略对管网建设的启示［J］. 城镇供水，2023（06）：39～43+73.

［20］中华人民共和国国家发展和改革委员会. 国家发展改革委有关负责同志就《"十四五"节水型社会建设规划》答记者问［EB/OL］. 2021-11-11. https://www.ndrc.gov.cn/xxgk/jd/jd/202111/t20211111_1303728.html.

［21］谢凡. 高校典型公共建筑用水规律及节水策略研究［D］. 北京：北京交通大学，2021.

［22］程继军，邢金良. 我国工业节水的进展、成效与展望［J］. 中国水利，2023（07）：6～10.

［23］郭盼春，金华，刘军，等. 蒸汽冷凝水自动回收系统的研究［J］. 现代盐化工，2021，48（03）：47～48.

［24］中华人民共和国生态环境部. 2022中国生态环境状况公报［R］. 北京：中华人民共和国生态环境部，2023.

［25］住房和城乡建设部. 节水灌溉工程技术标准：GB/T 50363—2018［S］. 北京：中国计划出版社，2018.

［26］赵萍. 六部门印发《工业水效提升行动计划》［N］. 中国冶金报，2022-06-29（001）.

［27］魏晓雯，陈思杰. 节水3.0时代已经到来［N］. 中国水利报，2022-10-13（005）.

［28］刘祎芸，顾珏蓉. 上海：以上率下节水减污数字赋能社会动员［N］. 中国水利报，2022-07-20（004）.

［29］中华人民共和国中央人民政府. 住房和城乡建设部办公厅 国家发展改革委办公厅关于加强公共供水管网漏损控制的通知［EB/OL］. 2022-01-19. https://www.gov.cn/zhengce/zhengceku/2022-02/04/content_5671995.htm.

［30］刘莉荔. 城市雨水利用好处多多［N］. 人民日报，2006-08-25.

［31］中华人民共和国中央人民政府. 水利工程供水价格管理办法［EB/OL］. https://www.gov.cn/zhengce/2023-01/10/content_5737908.htm.

［32］马俊，戴向前，周飞，等. 数说我国城镇居民生活水价［J］. 水利发展研究，2022，22（07）：8～13.

［33］刘静，朱春雁，白岩，等. GB/T 37813—2019《公共机构节水管理规范》国家标准解读［J］. 标准科学，2020，(01)：18～21.

［34］黎玖高，石亚洲，郑广天，等. 校园节水模式与新技术应用研究［J］. 高校后勤研究，2018（S1）：54～56.

［35］李斌，张国力，聂锦旭，等. 给水管网DMA优化分区方法研究综述［J］. 广东工业大学学报，2018，35（02）：19～27.

［36］杨天忠. 水平衡测试在建设节水型高校中的研究应用［J］. 建设科技，2020（12）：83～87.

［37］吴莉莉. 试论水平衡测试工作在创建节水型社会的基础作用［J］. 中国水运（下半月），2012，12（03）：36～37.

［38］张向东. 数据分析在供水企业控漏工作中目前应用与前景启示［J］. 净水技术，2021，40（S1）：231～235.

［39］杨胜武，周伟青，杨邦华，等. 利用DMA降低产销差的经验总结［J］. 城镇供水，2017（03）：85～88.

［40］邢鑫，罗林聪，朱君，等. 基于DMA分区计量漏损分析系统的设计与实现［J］. 中国测试，2022，48（S2）：101～107.

［41］夏天添，施佳璐，姜颖. 关于几类节水器具性能与使用效果的研究［J］. 节能，2021，40（09）：23～26.

［42］赵婧. 基于雨水收集利用的海绵校园构建［J］. 皮革制作与环保科技，2021，2（19）：91～92.

［43］吴耀民，曾颖，张维勇. 上海高校合同节水管理探索与实践［J］. 中国水利，2020（17）：48～50.

［44］杨峰权，苏宝成，欧阳粤源，等. 质量管理方法和工具在分区计量漏损控制工作中的应用［J］. 城镇供水，2023（04）：33~40+73.

［45］惠琳，张忠学，张一丁. 哈尔滨城市居民生活用水状况调查分析及节水对策［J］. 黑龙江水利科技，2009，37（05）：26~27.

［46］张鹏宇，秦莹，万云，等. 雨水资源生态价值市场化的实践与思考——长沙"雨水交易"案例［J］. 净水技术，2022，41（08）：108~114.

［47］张旭，邴海涛，秦法增. 节水型生活用水器具的应用分析［J］. 山西建筑，2013，39（04）：208+254.

［48］王斐谦. 高校节水设施器具及技术探析［J］. 能源与节能，2021（10）：77~79+146.

［49］王持恒，柳绿. 对住宅生活热水系统中有关问题的探讨［J］. 重庆建筑，2012，11（11）：49~51.

［50］岳邦仁，宋子春. 70年卫生陶瓷产品质量的提高和进步//中国硅酸盐学会，中国硅酸盐学会建筑卫生陶瓷专业委员会，国家建筑卫生陶瓷质量监督检验中心. 第四届建筑卫生陶瓷质量大会暨中国硅酸盐学会建筑卫生陶瓷专业委员会2019学术年会论文集［C］. 乐山：中国硅酸盐学会，2019.14~22.

［51］王雪莉，陈永，王国田，等. 公共建筑用水现状分析与节水策略研究［J］. 给水排水，2021，57（12）：118~123.

［52］刘永红，白海峰，柴鸿宇，等. 节水设计在建筑施工中的应用［J］. 工程技术研究，2020，5（22）：187~188.

［53］戚超，刘晓，闫艺兰，等. 不同降水年型黄土高原半干旱撂荒草地水分收支特征［J］. 水土保持研究，2019，26（01）：106~112.

［54］刘春花. 农业用水的可持续利用探讨［J］. 建筑工程技术与设计，2016（22）：1949~1949.

［55］苑祥伟，于军亭，张克峰，等. 青岛市海水利用的现状分析与对策措施［J］. 净水技术，2011，30（06）：1~4.

［56］姚章民，闫少华. 珠江区水资源的分布特点及变化分析［J］. 水文，2012，32（04）：79~81.

［57］陈海丰，王新刚，盛建国，等. 镇江市城区降雨径流水质分析［J］. 环境保护科学，2012，38（05）：22~25+49.

［58］田永静，李田，何绍明，等. 苏州市枫桥工业园区非点源污染特性研究［J］. 中国给水排水，2009，25（13）：89~91+94.

［59］车伍，张炜，李俊奇，等. 城市雨水径流污染的初期弃流控制［J］. 中国给水排水，2007，23（06）：1~5.

［60］吴金羽. 国内外城市道路雨水径流水质研究现状分析［J］. 资源节约与环保，2014（04）：38~41.

［61］李海燕，车伍，黄宇. 北京长河湾流域径流非点源污染总量估算［J］. 给水排水，2008，34（03）：56~59.

［62］LI H Y，WANG Y S，LIU F，et al. Volatile organic compounds in stormwater from a community of Beijing，China［J］. Environmental Pollution，2018，239：554~561.

［63］张星，朱景洋，穆远庆. 挥发性有机物污染控制技术研究进展［J］. 化学工程与装备，2011（10）：165~166.

［64］王慧莉，归谈纯，顾海玲，等. 微絮凝/盘式过滤器用于雨水回用处理的研究［J］. 给水排水，2015，51（01）：84~88.

［65］李宏，黄明. 下凹式绿地用于城市雨水径流控制浅析［J］. 城市道桥与防洪，2019（12）：171~173.

［66］张胜军，杨鹏，高玄. 云南大学校园雨水收集利用景观方案研究［J］. 绿色科技，2018（21）：27~28+30.

［67］张岳. 加快非常规水资源的开发利用［J］. 水利发展研究，2013，13（01）：13~16+68.

［68］柳绿，周恒宇. 城市雨水处理与资源化利用研究进展［J］. 建筑工程技术与设计，2016（21）：2798.

［69］王晓玲，张宝军，白建国. 高校校园雨水收集利用研究现状探讨与分析［J］. 山西建筑，2014，40

（28）：129～130.

[70]石家峰，洪杰. 基于资源视角的城市雨水利用研究［J］. 浙江建筑，2013，30（01）：61～64+68.

[71]王华，王一钧. 中科院研究生院怀柔园区雨水生态规划设计研究［J］. 给水排水，2012，48（02）：81～84.

[72]陈建刚，丁跃元，张书函，等. 北京城区雨洪利用工程措施［J］. 北京水利，2003（06）：12～14.

[73]王旭阳，耿适为，王冬，等. 海绵城市理念下市政道路排水设计及关键问题探讨［J］. 给水排水，2022，58（S1）：569～573.

[74]李玉国，彭营环. 城市节水的内涵及其节水措施分析［J］. 山西建筑，2011，37（22）：199～200.

[75]许浩浩，吕伟娅. 海绵城市建设典型低影响开发技术研究进展［J］. 市政技术，2018，36（05）：135～138.

[76]陈朗，麦天鹏，张腾璨. 海绵城市工程措施在城市景观广场的综合运用［J］. 城市道桥与防洪，2018（09）：70～72+86.

[77]樊亮亮. 海绵城市污水处理中的应用研究［J］. 环境科学与管理，2018，43（10）：123～125.

[78]王盼，陈嫣. 适用于上海的海绵城市建设技术分析［J］. 城市道桥与防洪，2019（04）：198～201+205.

[79]关叶健，何晗. 雨水调蓄池在污水综合治理中的应用［J］. 工程技术研究，2019，4（17）：215～216.

[80]张瑞斌. 太湖流域河道水体综合整治技术研究及应用［J］. 中国环保产业，2017（08）：59～62.

[81]王紫雯，张向荣. 新型雨水排放系统——健全城市水文生态系统的新领域［J］. 给水排水，2003，29（05）：17～20.

[82]王佳，王思思，车伍. 低影响开发与绿色雨水基础设施的植物选择与设计［J］. 中国给水排水，2012，28（21）：45～47+50.

[83]卢凤莲. 园林植物在海绵城市建设中的应用分析［J］. 现代园艺，2019（09）：150～151.

[84]陈旺，王鹏，许鹏鹏，等. 海绵城市建设中园林植物的选取与设计——以海南省三亚市东岸湿地公园为例［J］. 建设科技，2020（07）：68～71.

[85]郑小燕，姜娟，赵风斌，等. 以沉水植物主导的水质净化技术在城市景观水体治理中的应用案例分析——以扬州豪第坊高级别墅社区景观水系为例［J］. 净水技术，2016，35（s1）：60～65+77.

[86]曹高尚，徐真真. 基于雨洪管理模型的旧区海绵城市改造技术研究［J］. 市政技术，2018，36（04）：158～162.

[87]陈娟. 基于低影响开发原则的海绵城市末端措施分析［J］. 工业建筑，2018，48（06）：62～66+71.

[88]王琴，何嘉. 海绵城市——道路与绿地空间透水模式的综合设计［J］. 四川建材，2016，42（07）：92～94.

[89]郭雨汇. 基于海绵城市理念的校园环境优化研究［J］. 现代园艺，2017（13）：82～84.

[90]罗义，王兆宇，曹永超，等. 基于海绵城市理念的田径场设计研究［J］. 山西建筑，2018，44（05）：111～113.

[91]王晓锋. 浅谈城市公园景观水体污染与对策［J］. 江西建材，2014（06）：210.

[92]李力军. 绿色建筑星级评价在杭州科技馆给排水设计中的体现［J］. 给水排水，2011，47（05）：63～66.

[93]赵锂，刘振印. 建筑节水关键技术与实施［J］. 给水排水，2008（09）：1～3.

[94]仇付国. 科教融合促进本科生创新和实践能力培养——以海绵城市建设研究为例［J］. 教育教学论坛，2017（10）：53～54.

[95]中华人民共和国统计局. 《中华人民共和国年鉴》［M］. 北京：中国统计出版社，2021.

[96]国家市场监督管理总局. 城市污水再生利用 城市杂用水水质：GB/T 18920—2020［S］. 北京：中国标准出版社，2020.

［97］中华人民共和国住房和城乡建设部. 建筑与小区雨水控制及利用工程技术规范：GB 50400—2016［S］. 北京：中国建筑工业出版社，2016.

［98］王家卓. 聚焦雨水相关问题 明确正负面清单 确保海绵城市建设行稳致远——《关于进一步明确海绵城市建设工作有关要求的通知》解读［J］. 工程建设标准化，2022（05）：29～31.

［99］中华人民共和国住房和城乡建设部. 住房城乡建设部关于印发海绵城市建设技术指南——低影响开发雨水系统构建（试行）的通知［EB/OL］. 2014-11-03. https://www.mohurd.gov.cn/gongkai/zhengce/zhengcefilelib/201411/20141103_219465.html.

［100］中华人民共和国住房和城乡建设部. 住房城乡建设部办公厅关于印发海绵城市建设绩效评价与考核办法（试行）的通知［EB/OL］. 2015-07-10. https://www.mohurd.gov.cn/gongkai/zhengce/zhengcefilelib/201507/20150716_222947.html.

［101］张辰，陈嫣，吕永鹏.《城镇雨水调蓄工程技术规范》解读［J］. 给水排水，2017，53（06）：9～13.

［102］中华人民共和国住房和城乡建设部. 城市道路工程设计规范（2016年版）CJJ 37—2012［S］. 北京：中国建筑工业出版社，2016.

［103］唐越. 机构改革背景下成都节水管理问题及对策研究［D］. 成都：西南交通大学，2020.

［104］张远东. 强化用水定额管理工作刍议［J］. 中国水利，2023（03）：22～25.

［105］明亮. 农田灌溉定额拟定对现代农业的影响［J］. 江西农业，2017（17）：72.

［106］曹辉. 大学校园节水管理研究［D］. 天津：天津大学，2010.

［107］耿胜慧，胡红亮. 新时期高校节水工作可行性措施及路径探索——以湖南水利水电职业技术学院为例［J］. 湖南水利水电，2021（01）：30～32+55.

［108］周盼. 新时代高校节水工作路径与探索［J］. 科技视界，2022（20）：160～163.

［109］中华人民共和国水利部. 水利部关于印发宾馆等三项服务业用水定额的通知［EB/OL］. 2019-11-14. http://qgjsb.mwr.gov.cn/zcfg/bzde/slbwj/201911/t20191114_1367583.html.

［110］潘应骥. 三种用水管理制度下的高校学生用水调查与分析［J］. 四川环境，2012，31（01）：155～158.

［111］中国水利企业协会节水专业委员会，北京国泰节水发展股份有限公司. 中国合同节水发展报告（2017）［EB］. 2018-01. http://www.js.cwec.org.cn/index/index/report/cid/197.html.

［112］中国水利企业协会节水分会，北京国泰节水发展股份有限公司. 中国合同节水发展报告（2018—2020）［EB/OL］. 2021-02. http://www.js.cwec.org.cn/index/index/report/cid/197.html.

［113］李扬，牛永华. 基于Grey-DEMATEL-云模型的高校合同节水改造项目风险评价研究［J］. 水资源开发与管理，2023，9（04）：3～8.

［114］彭尚源，杜久彬，袁成，等. 高校合同节水管理项目风险防控的探索——以西南石油大学为例［J］. 高校后勤研究，2022（10）：19～22.

［115］彭尚源，肖诚. 关于高校后勤改革之合同管理服务的思考——以合同节水管理服务为例［J］. 中国管理信息化，2021，24（01）：155～157.

［116］本刊. 坚持节水优先推进绿色发展［J］. 城乡建设，2019（10）：6～18.

［117］涂莹，舒丹丹. 高校应用合同节水管理模式关键问题研究［J］. 海河水利，2022（06）：1～5.

［118］李肇桀. 推进合同节水管理的瓶颈与对策分析［J］. 水利发展研究，2022，22（01）：14～19.

［119］中国水利学会，中国教育后勤协会. 高校合同节水项目实施导则：T/CHES 33—2019 T/JYHQ 0005—2019［S］. 北京：中国水利水电出版社，2019.

［120］李国正，梁艳清，秦征. 推进合同节水管理工作高质量发展对策研究［J］. 河北水利，2023（01）：4～6.

［121］全国节约用水办公室. 关于节水型高校典型案例名单的公示［EB/OL］. 2022-10-27. http://qgjsb.mwr.gov.cn/tzgg/202210/t20221026_1602035.html.

［122］冯家锦. 节水型高校评价指标体系优化及实证研究［D］. 武汉：湖北工业大学，2021.

［123］李宇洋，罗盛，余颖，等. 高校节水教育App平台设计与应用［J］. 中国新通信，2022，24（15）：118~122.

［124］窦伟正，仲伟泽，周丹丹，等. 高校学生用水情况及节水意识调查研究——以内蒙古师范大学为例［J］. 环境与发展，2023，35（04）：94~100+108.

［125］罗景月，樊弋滋. 节水：引领风尚共赴未来［N］. 中国水利报，2021-07-15（001）.

［126］侯传河，林德才，汪党献，等. 实施节水评价限制用水浪费［J］. 中国水利，2020（07）：23~25+28.

［127］中国水利学会，中国教育后勤协会. 节水型高校评价标准：T/CHES 32—2019 T/JYHQ 0004—2019［S］. 北京：中国水利水电出版社，2019.

［128］任亮，董小涛，王浩然.《节水型高校评价标准》团体标准解读［C］. 包头："蒙"字标团体标准研讨培训会，2023-07-27.

［129］水利部综合事业局. 合同节水管理典型案例汇编［M］. 南京：河海大学出版社，2021.